面向“十三五”高等职业教育专业核心课程规划教材 · 信息大类

嵌入式C语言程序设计

（第2版）

汪宋良 主编

西安交通大学出版社
XI'AN JIAOTONG UNIVERSITY PRESS

内容简介

《嵌入式C语言程序设计》以"项目载体，任务驱动"为编写思路，全书从实践工程应用入手，以实验过程和实验现象为主导，共10个项目，24个任务。在编写过程中，以keil软件为编程环境平台，以完成"电子琴设计与实现"为主线，包括C语言认识、典型C程序运行、指示灯设计与实现、警示灯设计与实现、跑马灯设计与实现、交通灯设计与实现、显示器设计与实现、播放器设计与实现、按键盘设计与实现等循序渐进的九个项目。通过项目分析，又将其分成若干个具体的任务，每个任务都包含着C语言的若干个知识点和技能点，如算法、流程图、数据类型、运算符、表达式、顺序结构、选择语句、循环语句、数组、函数、指针、预处理命令、位运算及文件等。《嵌入式C语言程序设计》强调"任务"的目标性和教学情境的创建，使学生带着真实的任务在探索中学习。注重培养学生的实践能力为前提，理论知识传授遵循"实用为主、必须和够用为度"的准则，基本知识广而不深、点到为止，基本技能贯穿教学的始终，具体采用"技能需求、问题引导、任务驱动"的方式。

《嵌入式C语言程序设计》既可以作为高职学生的教学用书，还可作为电子类专业爱好者的自学参考书和培训班的教材。

图书在版编目(CIP)数据

嵌入式C语言程序设计/汪宋良主编. —2版. —西安：
西安交通大学出版社，2018.2(2021.5重印)
ISBN 978-7-5693-0454-1

Ⅰ. ①嵌…　Ⅱ. ①汪…　Ⅲ. ①C语言-程序设计-
高等职业教育-教材　Ⅳ. ①TP312.8

中国版本图书馆CIP数据核字(2018)第034159号

书　　名　嵌入式C语言程序设计(第2版)
主　　编　汪宋良
责任编辑　李　佳

出版发行　西安交通大学出版社
（西安市兴庆南路1号　邮政编码710048）
网　　址　http://www.xjtupress.com
电　　话　(029)82668357　82667874(发行中心)
(029)82668315(总编办)
传　　真　(029)82668280
印　　刷　西安日报社印务中心

开　　本　787mm×1092mm　1/16　**印张** 16.25　**字数** 392千字
版次印次　2018年4月第1版　2021年5月第4次印刷
书　　号　ISBN 978-7-5693-0454-1
定　　价　39.80元

读者购书、书店添货如发现印装质量问题，请与本社发行中心联系、调换。
订购热线：(029)82665248　(029)82665249
投稿热线：(029)82669097
QQ：19773706
电子信箱：lg_book@163.com

前言

C 语言是一门广泛使用的计算机高级语言，是计算机类专业，特别是电子类专业学生从事单片机和嵌入式系统开发必学的程序语言，是后续课程（比如单片机原理与应用、单片机 C 语言、嵌入式系统及各类电子产品开发）的编程基础，是一门电子类专业学习者必须掌握的编程基础课程。目前，各高等院校电子类专业都开设《C 语言程序设计》课程，在教学上作为理工科非计算机专业的计算机基础教育课程，成为非计算机专业学生的“计算机通识教育”课程。

按照“计算机通识教育”课程教学内容进行的教学方法，编者认为存在以下不足：

1）未从电子类专业的角度进行 C 语言课程教学，比如编程环境、教学内容、专业结合度等，学习者对学习目的不明确；

2）学习者虽然熟练掌握 C 语言语法知识，但在电子类专业的后续课程（单片机 C 语言）编程中不能熟练应用。根据调查，学生普遍觉得在单片机课程编程中直接使用 C 语言编程困难；

3）C 语言对软件编程和硬件编程的语法知识侧重点有很大不同。作为电子类专业学习者来说，大部分同学对传统 C 语言教学所学知识感到困惑。

针对以上不足，提出了突破性思维编写本书。从实践工程应用入手，以实验过程和实验现象为主导，结合电子类专业常用编程环境（Keil）或软件仿真调试平台（Proteus）及硬件调试平台（单片机实验箱或开发板），按照“项目为载体，任务为驱动”的思路，选取指示灯、数码管、按键及蜂鸣器常见输入输出的程序案例，以实现“电子琴设计与实现” 编程为主线，从简单到复杂、从直观到抽象，深入讲解 C 语言语法知识内容（算法、流程图、数据类型、运算符、表达式、顺序结构、选择语句、循环语句、数组、函数、指针、预处理命令、位运算及文件等）。具体如下：

1）项目一“C 语言程序认识”要求了解 C 语言概述和集成开发环境使用。概述包括 C 语言起源、发展及特点等。

2）项目二“典型 C 程序运行”要求熟悉集成开发环境和仿真平台使用。对典型案例的程序输入，熟悉 Keil 软件、Proteus 仿真软件及单片机最小系统硬件平台设置与使用。

3）项目三“指示灯设计与实现”要求熟悉 LED 指示灯工作原理、C 程序结构和预处理命令（include、define）、关键字 sbit、赋值运算符、进制数、main 主函数及程序顺序结构等。

4）项目四“警示灯设计与实现”要求掌握常量与变量概念及类型、关系运算符、算术运算符、循环指令 while 和 do while 等。

5)项目五“跑马灯设计与实现”要求掌握循环指令 for、位运算符、逻辑运算符、逗号运算符等。

6)项目六“交通灯设计与实现”要求掌握流程图、算法、模块化编程等概念。

7)项目七“显示器设计与实现”要求熟悉数码管工作原理,理解数组概念与使用、函数定义与声明、函数嵌套,了解数组变量和函数参数传递等。

8)项目八“播放器设计与实现”要求熟悉蜂鸣器工作原理、了解外部和内部函数、全局和局部变量、静态变量等相关内容。

9)项目九“按键盘设计与实现”要求熟悉按键的编程原理、掌握指针和地址的使用等。

10)项目十“电子琴设计与实现”要求结合专业硬件知识,利用 C 语言语法知识,综合编程实现项目任务。

本教材的特点包含以下几个方面。

1.项目为载体,任务为驱动的教学方式。

通过 10 个项目,20 个任务,对 C 语言的所有语法知识进行学习,即完成一个任务或项目,就可以掌握 C 语言的相应语法和指令。同时,学习者可以在此任务或项目的基础上进一步发挥,增加学习的深度,从而提高自己的编程和创新能力。

2.结合专业平台,明确学习目的。

本教材选用电子类专业软件为运行平台,结合专业度硬件实验箱及 Protues 电路仿真软件为辅助工具,使电子类专业学生明确学习 C 语言目的和意义。以电子类专业 Keil 编程软件为运行环境平台,替代计算机类专业教学的 VC++软件运行平台,选取按键、LED 指示灯、数码管、蜂鸣器作为输入和输出设备,替代抽象的 printf 和 scanf 输入输出语法指令,对编程效果进行验证。

3.理实结合,以实验过程和实验现象为主导。

本书项目设置从易后难,先简单后复杂,先从单个 LED 灯点亮到多个灯闪烁,从数码管点亮到数值显示,从单个按键到多个按键控制,从蜂鸣器发声到播放歌曲。输入输出选自生活常用且专业相关的常见器件,通过硬件实验箱和 protues 仿真软件,直观形象验证 C 语言编程效果。基本上把所有的知识点都融入到具体的实验任务中,使学生在具体的实验过程中学习相关的基础理论知识。课堂效果活泼、生动。通过具体的实战项目,使读者对电子专业和学习目的有更深刻的认识,对所学的知识有更进一步的掌握和吸收,做到学以致用。

4.打破传统授课模式,以项目为线索梳理语法知识。

敢于打破传统学科体系的知识结构教学方法,根据十个项目和任务要求的先后顺序,重新对 C 语言语法知识和指令(算法、数据类型、运算符、表达式、顺序结构、选择结构、循环结构、数组、函数、变量类型、预处理命令、指针、结构体与共用体、位运算及文件等)进行编排组织。按照项目任务要求，组织语法知识讲授，以案例为起点，对语法知识重点展开讲解。

作为C语言初学者，必须清楚本书学习的重点是什么。本书学习的重点为C语言的语法指令，包括算法、流程图、数据类型、运算符、表达式、顺序结构、选择语句、循环语句、数组、函数、指针、预处理命令、位运算及文件等。其中Keil软件、Proteus软件及硬件调试平台都为编程工具，Keil软件是编程环境平台，仅仅是一个编程工具，且在以后的电子专业课程学习中会经常使用；单片机开发板或实验箱等硬件平台是用来显示程序运行效果；当学习者身边没有硬件条件时，Proteus软件用做C程序的仿真程序运行效果。为解决“学习C语言语法知识枯燥”和“学习C语言专业目的不明确”的问题，编排以“项目为载体，任务为驱动”、“学以致用，专业结合”为宗旨的十个项目，通过按键输入、LED灯数码管蜂鸣器输出，生动形象展示程序效果，提高C语言语法知识学习趣味。

作为C语言初学者，切不可把学习重点放在项目和任务案例研究，而应该重点掌握C语言语法知识和灵活应用，用所学语法知识解决教材所提供的任务或案例，熟练语法知识的使用规则和编程，举一反三，实现学习目的。

作为C语言课程教师，本书建议最好由电子类专业，特别是单片机编程相关老师担任。第一、强调学习C语言知识的专业应用；第二、时刻融入电子类专业的硬件知识；第三、强调C语言在硬件编程中的具体应用，也就是要区别于计算机专业C语言教学模式。所以，本书对教师能力要求上可能会更高些。C语法知识重新梳理后，分散在项目案例中进行讲解，按照“用到就讲授，需要就补充”的原则传授语法知识。所以，在授课过程中，可以根据具体情况，对语法知识适当提前或推后，满足项目任务要求即可。

为了达到更好的学习效果，建议提供以下编程调试工具。1)Keil编程软件(本书使用Keil μVision4版本)；2)硬件调试平台。比如单片机实验箱与51仿真器，或者单片机开发板与51仿真器，或者单片机最小系统与51仿真器等；3)Proteus电路仿真软件(仿真电路图本书提供)。本书建议大家使用第1)和2)组合方式来调试C程序，这样可以使得C语言学习效果更直观、更贴近专业，对于没有硬件平台条件的学习者，也可以使用第1)和3)组合方式，代替硬件调试平台，进行程序调试。

本教材主要学习C语言语法知识，不涉及单片机和最小系统内容(单片机相关内容在后续课程中讲解)，但项目和任务中需要单片机端口和最小系统知识，这可能对初学者带来一定的困惑。在学习编程中，我们可以不用考虑单片机这个模块，只要考虑与LED灯、数码管、按键和蜂鸣器相连的引脚就行，把单片机的每一个引脚看作一个高低电平可切换的开关，而且是一个可以通过C语言编程控制高低电平的开关就行。对于使用本书的高等院校，在授课过程中，也要特别注意这点(不讲解单片机知识)，只要让学习者理解通过C语言编程可以控制单片机引脚输出高或低电平(要充分利用所学知识，比如模拟电路、数字电路、电路基础等，让学习者理解这个问题)。

本书共68课时，前五个项目根据学习者实际情况，可以适当加快速度，重点在于后五个项目，包含较多重点和难点的语法知识。本书的项目或任务案例可能考虑不周，欢迎大家共同探讨。

由于篇幅有限，书中内容无法全部展示，本书每一个项目后的二维码链接内有该项目课程的相关资料，读者可扫描学习。全书资源包见本页二维码。

本书由宁波城市职业技术学院的汪宋良编写。在本书的编写过程中，感谢徐济惠和潘世华老师对本书出版的大力支持，感谢邵华老师和贺志洪老师对本书提出的宝贵意见，同时感谢家人对写本书的支持。编者还参考了大量有关C语言语法知识的书籍和网络资料，在此对这些参考文献和资料的作者表示感谢。

由于时间仓促，编者水平有限，书中难免有疏漏和不足之处，恳请广大读者批评指正，并提出宝贵意见。

编　者

2017年12月

目录

项目一　C语言程序认识

项目目标导读

知识目标

(1)了解C语言发展历史、概念、特点；

(2)了解典型C语言程序基本结构；

(3)了解C语言编程规范基本要求。

能力目标

(1)认识C语言程序基本结构；

(2)能说出C语言的编程重要性。

项目背景

在对学生进行计算机课程教育的过程中，不同专业对相同的课程有着不同的侧重点，这就需要任课教师根据专业特点和学生基础进行授课。虽然程序设计基础——C语言程序设计是计算机、电子类专业共同的主干专业基础课，但是不同的专业有不同的专业培养目标，其讲授内容也应有所侧重，在教学组织过程中，课程主线始终是程序设计的基本技术，都讲授C语言程序的数据结构、语法基础、函数及其使用、数组与字符串处理、指针及其使用、扩展数据类型等基本知识。但对于电子类专业，更强调如何使用C语言进行底层资源控制(如单片机接口、中断与定时器等)，指导学生编写单片机C语言程序，进而使学生掌握单片机程序设计的基本理论和方法，建立单片机程序设计思想，提高学生的专业素养，培养学生的创新精神和解决实际问题的能力，为学生后续课程学习、就业和进一步深造打下良好的基础。

C语言程序设计课程是电子类专业学生进入高校接触的第一门计算机语言类课程。它对学生学习计算机、单片机、自动控制、PLC(可编程逻辑控制器)、SOPC(可编程片上系统)、EDA(电子设计自动化)等课程打下基础。这需要授课教师根据课程目标，精心设计和组织教学内容。

为实现教学目标，将C语言知识和应用与电子类专业具体的案例结合，区别于传统VC++环境为运行平台以printf()及scanf()指令对课程语法及知识进行调试的教学模式，通过电子专业相关的Keil编程软件和硬件平台(或Proteus仿真平台)相结合的教学模式，让学习C语言更加形象化、生动化和专业化。本项目作为后续项目基础，认识C语言程序，熟悉Keil编程软件，理解学习C语言程序设计在电子类专业的作用。

任务一　C语言认识

一、C语言的起源与发展

1972年美国的Dennis Ritchie设计发明了C语言，并首次在UNIX操作系统的DEC PDP－11计算机上使用。它由早期的编程语言BCPL(Basic Combined Programming Language)发展演变而来。在1970年，美国电话电报公司(AT&T)贝尔实验室的Ken Thompson根据BCPL语言设计出较先进的并取名为B的语言，最后引导了C语言问世。1978年由AT&T贝尔实验室正式发表了C语言，同时由B. W. Kernighan和D. M. Ritchit合著署名的“THE C PROGRAMMING LANGUAGE”一书，也有人称之为《K&R》标准。但是，在《K&R》中并没有定义一个完整的标准C语言，后来由美国国家标准协会(American National Standards Institute)在此基础上制定了一个C语言标准，于1983年发表，通常称之为ANSIC。

二、C语言的特点

一种语言之所以能存在和发展，并具有生命力，总是有其不同于(或优于)其他语言的特点。C语言的主要特点如下。

1. C是中级语言

它把高级语言的基本结构和语句与低级语言的实用性结合起来。C语言可以像汇编语言一样对位、字节和地址进行操作，而这三者是计算机最基本的工作单元。

2. C是结构式语言

结构式语言的显著特点是代码及数据的分隔化，即程序的各个部分除了必要的信息交流外彼此独立。这种结构化方式可使程序层次清晰，便于使用、维护以及调试。C语言是以函数形式提供给用户的，这些函数可方便的调用，并具有多种循环、条件语句控制程序流向，从而使程序完全结构化。

3. C语言功能齐全

C语言具有各种各样的数据类型，并引入了指针概念，可使程序效率更高。另外C语言也具有强大的图形功能，支持多种显示器和驱动器。而且计算功能、逻辑判断功能也比较强大，可以实现决策目的。

4. C语言适用范围大

C语言还有一个突出的优点就是适合于多种操作系统，如DOS、UNIX，也适用于多种机型。

三、C语言程序结构

为了说明C语言源程序结构，先看以下几个程序，然后从中分析C语言程序的特点。这几个程序由简到难，表现了C语言源程序在组成结构上的特点。虽然有关内容还未介绍，但可从这些例子中了解到组成一个C源程序的基本部分和书写格式。

【例1.1】 LED灯闪烁程序。

```
#include <reg52.h>              //系统头文件,包含用户可用的多个定义
sbit LED1 = P3^0;

void delayms(void)
{
    unsigned char x = 100;
    unsigned char i;
    while(x--)
    {
      i = 0;
      while(i<250)
      {
        i = i + 1;
      }
    }
}

void main(void)                 //main是函数的名称,表示"主函数"。
{                               //main主函数体的开始。任何一个函数都有"{}"
    while(1)                    //while(1)为一条C语言指令
    {                           //while指令的开始
      LED1 = 0;                 //点亮第一个指示灯
      delayms();                //延时函数,表示延时一定的时间
      LED1 = 1;                 //熄灭第一个指示灯
      delayms();                //延时函数,表示延时一定的时间
    }                           // while指令的结束
}                               //mian主函数体的结束。任何一个函数都有"{}"
```

程序说明:

C程序由一个或多个文件组成,而一个文件可由一个或多个函数组成。C程序必须有一个名为main的函数,且只能有一个main函数。程序运行时从main函数开始,最后回到main函数。

从例1.1可以看出:C函数由语句构成,语句结束符用";"表示,但main()、#include不是语句,后面不能用";"。语句由关键字、标识符、运算符和表达式构成,其中"{"和"}"分别表示函数执行的起点和终点或程序块的起点和终点。"//"后面的语句为注释语句,也可以写在"/*"及"*/"内。

C程序中书写格式自由,一行内可以写几个语句,但区分大小写字母。用C语言写成的主函数结构图如下。

<table>
<tr><td colspan="2">文件预处理</td></tr>
<tr><td colspan="2">main(形式参数申明)</td></tr>
<tr><td rowspan="2">函数体</td><td>数据申明部分</td></tr>
<tr><td>语句部分</td></tr>
</table>

#include <reg52.h>：include 称为文件包含命令，扩展名为.h 的文件称为头文件。其意义是把尖括号<>或引号“”内指定的文件包含到本程序来，成为本程序的一部分。被包含的文件通常是由系统提供的，其扩展名为.h。因此也称为头文件或首部文件。C 语言的头文件中包括了各个标准库函数的函数原型。因此，凡是在程序中调用一个库函数时，都必须包含该函数原型所在的头文件。

void main(void)：main()表示主函数，每一个 C 源程序都必须有，且只能有一个主函数(main 函数)。void(“空”的意思)表示此函数是空类型，即执行此函数后不产生一个函数值(有的函数在执行后会得到一个函数值，例如正弦函数 sin(x))。

【例 1.2】 流水灯(LED1 至 LED8 依次闪烁)程序。

```
#include<reg52.h>
#include "intrins.h"
#define LED_LEFT P3
void delayms(void)
{

    unsigned char x = 250;
    unsigned char i;
    while(x--)
    {
      i = 0;
      while(i<250)
      {
        i = i + 1;
      }
    }
}

void main(void)
{
    unsigned char temp;
    while(1)
    {
      unsigned int t  = 300;
      unsigned char n  =  1;
```

```
        temp = 0x7f;
        for(n = 1;n <= 7;n++)          //可读性提高
        {
          delayms();
          temp = (temp>>1);
          LED_LEFT = temp;
          delayms();
          LED_LEFT = 0xff;
        }
      }
}
```

四、C 语言编程规范

(一)排版

任何一个有效的程序都只能有一个 main()函数,它的地位相当于程序的主体,就像大树的树干,而其他函数都是为 main()服务的,就像大树树干分出的枝干。

main 函数具有以下 3 个特点:

1)C 语言规定必须用 main 作为主函数名。其后的一对圆括号中间可以是空的,但不能省略。

2)程序中的 main()是主函数的起始行,也是 C 程序执行的起始行。每一个程序都必须有且只能有一个主函数。

3)一个 C 程序总是从主函数开始执行,到 main 函数体执行完后结束,而不论 main 函数在整个程序中的位置如何。

1. 缩进

程序块要采用缩进风格编写,缩进长度一般为 4 个空格,或用 Tab 作为缩进的单位。

说明:不同的编辑器阅读程序时,可能会因 TAB 键所设置的空格数目不同而造成程序布局不整齐。另外,对于由开发工具自动生成的代码可以有例外。

2. 对齐

程序的分界符'{'和'}'应独占一行并且位于同一列,同时与引用它们的语句左对齐。"{}"之内的代码块在'{'右边 4 个空格处左对齐。例如:

```
for (i = 0; i < SIZE - 1; i++)
{
    index = i;
    for (j = i + 1; j < SIZE; j++)
    {
      if (number[index] > number[j])
      {
```

```
        index = j;
      }
    }
    if (index ! = i)
    {
      temp = number[i];
      number[i] = number[index];
      number[index] = temp;
    }
}
if (condition)
{
    // program code
}
else
{
    // program code
}
```

3. 空行

相对独立的程序块之间空行。例如：

```
for (i = 0; i < SIZE - 1; i++)
{
    index = i;

    for (j = i + 1; j < SIZE; j++)
    {
      if (number[index] > number[j])
      {
        index = j;
      }
    }

    if (index ! = i)
    {
      temp = number[i];
      number[i] = number[index];
      number[index] = temp;
    }
}
```

4. 代码行内的空格

if、for、while 等关键字之后应留一个空格再跟左括号‘(’,以突出关键字。函数名之后不要留空格,紧跟左括号‘(’,以与关键字区别。‘,’之后要留空格,如 function(x, y, z)。如果‘;’不是一行的结束符号,其后也要留空格,如 for (initialization; condition; update)。

赋值操作符、比较操作符、算术操作符、逻辑操作符,如“＝”、“! ＝”“＞＝”、“＜＝”、“＋”、“*”、“%”、“&&”、“||”、“＜＜”,“^”等二元操作符的前后应当加空格。一元操作符如“++”、“——”、“&”(地址运算符)等前后不加空格。“[]”、“.”、“－＞”这类操作符前后不加空格。对于表达式比较长的 for 语句和 if 语句,为了紧凑起见可以适当地去掉一些空格,如 for (i=0; i＜10; i++)和 if ((a＜=b) && (c＜=d))。

5. 长行划分

较长的语句(大于 80 字符)要分成多行书写,长表达式要在低优先级操作符处划分新行,操作符放在新行之首,划分出的新行要进行适当的缩进。例如:

```
if ((very_longer_variable1 >= very_longer_variable12)
&& (very_longer_variable3 <= very_longer_variable14)
&& (very_longer_variable5 <= very_longer_variable16))
{
    dosomething();
}
for (very_longer_initialization; very_longer_condition; very_longer_update)
{
    dosomething();
}
```

6. 独占一行

if、for、do、while、case、switch、default 等语句自占一行,且 if、for、do、while 等语句的执行语句部分无论多少都要加括号{}。例如:左边①的例子不符合规范,应该写成右边②的例子:

```
① if (index == SIZE) return;        ② if (index == SIZE)
                                      {
                                          return;
                                      }
```

不建议把多个短语句写在一行中,即一行只写一条语句。例如:左边①的例子不符合规范,应该写成右边②的样式:

```
① rect.length = 0; rect.width = 0;   ② rect.length = 0;
                                        rect.width = 0;
```

7. 源程序的书写格式

C 程序书写格式的基本习惯有:

1)一行内可以写几个语句,一个语句可以分写在多行上。

2)每个语句和数据定义的最后必须由一个分号“;”结束(分号是C语句的一部分,不是语句之间的分隔符)。

(二)注释

在一个C程序中放在符号“/*”和“*/”之间的内容,称为对程序的注释。注释是对程序的说明。编写注释时应遵循以下4条规则:

1)符号“/*”和“*/”必须成对出现,“/”和“*”两者之间不可以有空格。

2)注释可以用英文、中文,可以出现在程序中任意合适的地方。

3)在注释之间不可以再嵌套“/*”和“*/”。例如,/*/*…*/*/形式是错误的。

4)注释从“/*”开始到最近的一个“*/”结束,其间的任何内容都被编译程序忽略。换句话说,注释只是为了更好地看懂程序而做的标记,不对程序产生任何影响。

1. 文件注释

源文件头部应进行注释,至少列出:文件名称、创建日期、作者、模块目的/功能、最后修改时间等信息。例如:

```
/*
* CREATE DATE:                    //填写创建日期
* AUTHOR:                         //填写作者
* PURPOSE:
*                                 //填写文档功能,作用
* LAST MODIFY DATE:               //填写最后修改时间
* REMARK:
*                                 //备注
*/
```

2. 函数注释

每个函数应进行注释,至少列出:函数的目的/功能、输入参数、输出参数、返回值等信息。例如:

```
/*
* DESCRIPTION:                    //填写函数功能、性能等的描述
* INPUT:                          //填写输入参数说明,包括每个参数作用、取值说明及
                                    参数间关系。
* OUTPUT:                         //填写对输出参数的说明。
* RETURN:                         //填写函数返回值的说明
* OTHERS:                         //其他说明
*/
```

3. 块结束注释

建议在程序块的结束行右方加注释标记,以表明某程序块的结束。

说明:当代码段较长,特别是多重嵌套时,这样做可以使代码更清晰,更便于阅读。例如:

```
if (...)
{
    // program code
    while (index < MAX_INDEX)
    {
    // program code
    }/* end of while (index < MAX_INDEX) */      //指明该条while语句结束
}/* end of if (...) */                           // 指明是哪条if语句结束
```

4. 其他注释书写规范

一般情况下，源程序有效注释量必须在20%以上。边写代码边注释，修改代码同时修改相应的注释，以保证注释与代码的一致性。不再有用的注释要删除。注释的内容要清楚、明了，含义准确，防止注释二义性。注释应与其描述的代码相近，对代码的注释应放在其上方或右方（对单条语句的注释）相邻位置，不可放在下面，如放于上方则需与其上面的代码用空行隔开。避免在一行代码或表达式的中间插入注释。

（三）标识符

所谓标识符就是C语言中的变量名、函数名、数组名、文件名、类型名等。C语言合法标识符的命名规则是：

1）标识符由字母、数字和下划线组成。

2）第一个字符必须为字母或下划线。

3）大写字母与小写字母被认为是两个不同的字符。

4）C语言规定了一个标识符允许的字符个数，即标识符的前若干个字符有效，超过的字符将不被识别。

C语言的标识符可分为以下3类：

1）关键字　C语言预先规定了一批标识符，它们在程序中都代表着固定的含义，不能另作他用。这些字符称为关键字。例如，int，double，if，else，while，for等。

2）预定义标识符　即预先定义并具有特定含义的标识符。

3）用户标识符　由用户根据需要定义的标识符称为用户标识符，又称自定义标识符，一般用来给变量、函数、数组等命名。

4）i，j，k是循环语句专用变量，除特殊情况外不得用作其他用途，一般也不用其他名称作为循环变量。

任务二　编程环境认识

一、单片机及最小系统认识

（一）单片机外形及定义

单片微型计算机（Single Chip Microcomputer，SCM）简称单片机，是把中央处理器CPU

(Central Processing Unit)、存储器(Memory)、定时/计数器 Timer/Counter 以及 I/O(Input/Output)接口电路等一些计算机的主要功能部件集成在一块芯片上的微型计算机。单片机又称为“微控制器 MCU(MicroController Unit)”,图 1-1 为单片机外形。

图 1-1　单片机外形

(二)单片机分类

单片机按应用领域可分为:家电类、工控类、通信类、个人信息终端类等。

按通用性可分为:通用型和专用型。通用型单片机的主要特点是:内部资源比较丰富,性能全面,而且通用性强,可覆盖多种应用要求。所谓资源丰富就是指功能强。性能全面通用性强就是指可以应用在非常广泛的领域。通用型单片机的用途很广泛,使用不同的接口电路及编制不同的应用程序就可完成不同的功能。小到家用电器仪器仪表,大到机器设备和整套生产线都可用单片机来实现自动化控制。专用型单片机的主要特点是:针对某一种产品或某一种控制应用专门设计的,设计时已使结构最简,软硬件应用最优,可靠性及应用成本最佳。专用型单片机用途比较专一,出厂时程序已经一次性固化好,不能再修改的单片机。例如电子表里的单片机就是其中的一种。其生产成本很低。

按总线结构可分为:总线型和非总线型。如我们常见到的 89C51 单片机就是总线结构,在后面讲解单片机的内部结构时,我们就可以看到 89C51 单片机内部有数据总线,地址总线,还有控制总线(WR,RD,EA,ALE 等)。图 1-2 中看到的 20 引脚的 89C2051 单片机,就是一种非总线型的。其外部的引脚很少,可使成本降低。

1)特点。受集成度限制,片内存储器容量较小,一般 ROM:8KB 以下,内部 RAM:256KB 以内,可靠性高,易扩展,控制功能强,易于开发。

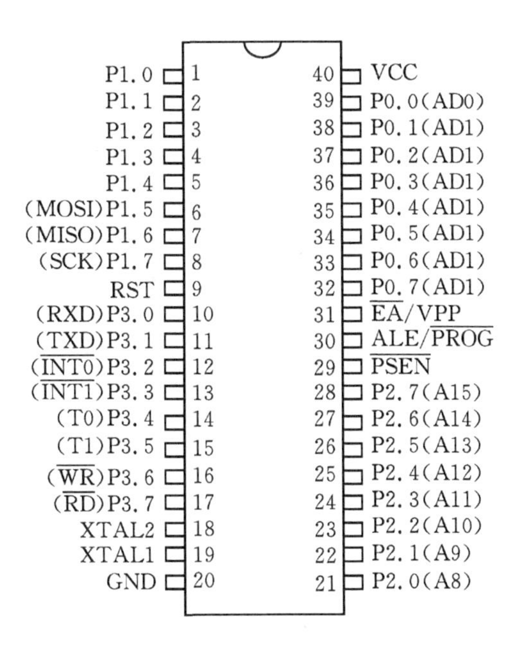

图1-2　AT89S51单片机引脚图

2)历史。1971年,intel公司研制出世界上第一个4位的微处理器;1973年,intel公司研制出8位的微处理器8080;1976年,intel公司研制出MCS—48系列8位的单片机,这也是单片机的问世。80年代初,intel公司在MCS—48单片机基础上,推出了MCS—51单片机,也就是说,51单片机最早的出现是在80年代初。

3)微处理器。计算机系统核心部件(CPU)并不是一台完整的计算机。

4)单片机。将CPU和其他接口电路集成在一个芯片之中,使其具有计算机的基本功能。

从上面的描述可知,微处理器只是一个CPU,而单片机则是由CPU与其他的接口电路组合而成的,所以CPU不等于单片计算机。也可以这样说,CPU只是计算机其中的一个部件而已。

目前最常用的单片机公司有如下几家:TI——(MCS51内核)(德州仪器);Atmel——(AT89系列,MCS51内核)(艾特梅尔公司);Microchip——(PIC系列);ST——(MCS51内核)(意法半导体);Philips——(87,80系列,MCS51内核);Freescale——(MCS51内核)(飞思卡尔)。

(三)MCS—51系列单片机产品

MCS—51是指由美国Intel公司生产的一系列单片机的总称,这一系列单片机包括了很多品种,如8031,8051,8751,8032,8052,8752等,其中8051是最早最典型的产品,该系列其他单片机都是在8051的基础上进行功能的增、减、改变而来的,所以人们习惯于用8051来称呼MCS—51系列单片机,Intel公司将MCS—51的核心技术授权给了很多其他公司,所以有很多公司在做以8051为核心的单片机,当然,功能或多或少有些改变。

AT89S系列的机器支持SPI模式编程,直接用电脑的USB、LPT或者COM口引线出来烧写程序就行,烧写程序远比C系列的方便。AT89S51是一个低功耗,高性能CMOS 8位单片机，片内含 8k Bytes ISP(In—system programmable)的可反复擦写 1000 次的 Flash 只读程序存储器，器件采用 ATMEL 公司的高密度、非易失性存储技术制造，兼容标准 MCS—51 指令系统及 80C51 引脚结构，芯片内集成了通用 8 位中央处理器和 ISP Flash 存储单元，功能强大的微型计算机的 AT89S51 可为许多嵌入式控制应用系统提供高性价比的解决方案。

AT89S51 具有如下特点：40 个引脚，8k Bytes Flash 片内程序存储器，128 bytes 的随机存取数据存储器(RAM)，32 个外部双向输入/输出(I/O)口，5 个中断优先级 2 层中断嵌套中断，2 个 16 位可编程定时计数器，2 个全双工串行通信口，“看门狗”(WDT)电路，片内时钟振荡器。

AT89S51 与 AT89C51 相比，外型管脚完全相同，AT89C51 的 HEX 程序无须任何转换可直接在 AT89S51 运行，结果一样。AT89S51 比 AT89C51 新增了一些功能，支持在线编程和“看门狗”是其中的主要特点。

它们之间主要区别在于以下几点：

1)引脚功能。管脚几乎相同，变化的有：在 AT89S51 中 P1.5、P1.6、P1.7 具有第二功能，即这 3 个引脚的第二功能组成了串行 ISP 编程的接口。

2)编程功能。AT89C51 仅支持并行编程，而 AT89S51 不但支持并行编程还支持 ISP 再线编程。在编程电压方面，AT89C51 的编程电压除正常工作的 5V 外，另 Vpp 需要 12V，而 AT89S51 仅仅需要 4～5V 即可。

3)烧写次数更高。AT89S51 标称烧写次数是 1000 次，实为 1000～10000 次，这样更有利初学者反复烧写，降低学习成本。

4)工作频率更高。AT89C51 极限工作频率是 24MHz，而 AT89S51 最高工作频率是 33MHz，(AT89S51 芯片有两种型号，支持最高工作频率分别为 24MHz 和 33MHz)从而具有更快的计算速度。

5)电源范围更宽。AT89S51 工作电压范围达 4～5.5V，而 AT89C51 在低于 4.8V 和高于 5.3V 的时候则无法正常工作。

6)抗干扰性更强。AT89S51 内部集成看门狗计时器(Watchdog Timer)，而 AT89C51 需外接看门狗计时器电路，或者用单片机内部定时器构成软件看门狗来实现软件抗干扰。

7)加密功能更强。AT89S51 系列提供了三层的加密算法(LB1、LB2、LB3 三个可编程的加密位)，这使得 AT89S51 的解密变为几乎不可能，程序的保密性大大加强。

8)AT89S51 内新增 SFR，双数据指针，AT89S51 向下完全兼容 51 系列的所有产品，性价比更高，初学者尽可能选择这类单片机来学习。

(四)单片机最小系统

单片机最小系统主要由电源、复位、振荡电路以及扩展部分等部分组成。最小系统原理图如图 1-3 所示。

1. 电源供电模块

对于一个完整的电子产品设计来讲，首要问题就是为整个系统提供电源，电源模块的稳定可靠是系统平稳运行的前提和基础。51 单片机虽然使用时间最早、应用范围最广，但是在实际使用过程中，一个典型的问题就是相比其他系列的单片机，51 单片机更容易受到干扰而出现程序跑飞的现象，克服这种现象出现的一个重要手段就是为单片机系统配置一个稳定可靠的电源供电模块，如图 1-4 所示。

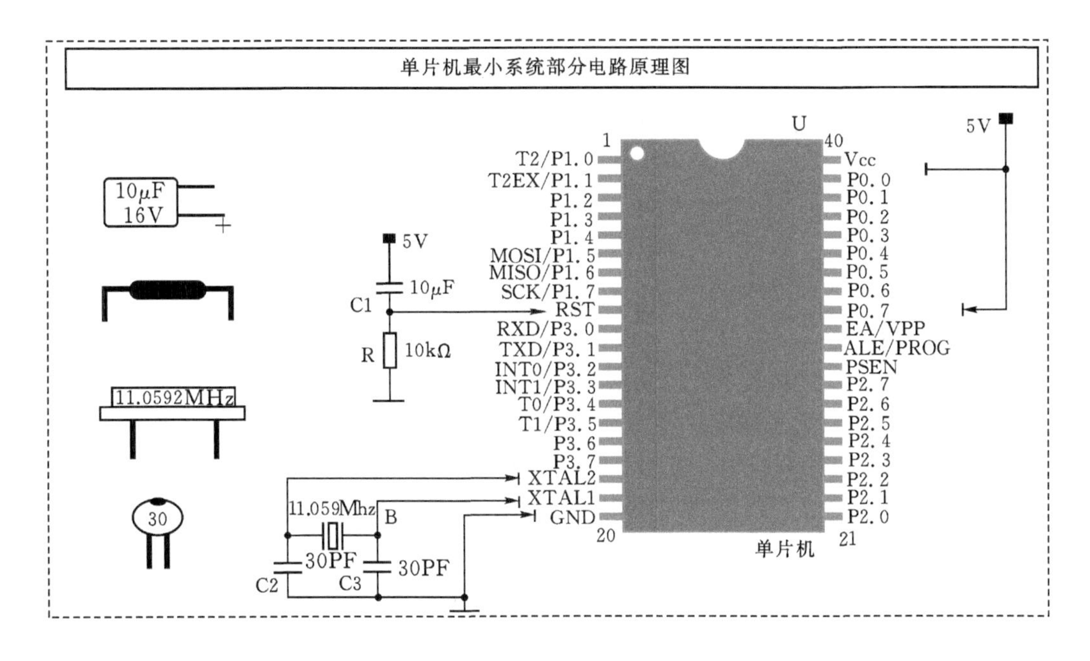

图1-3　最小系统电路图

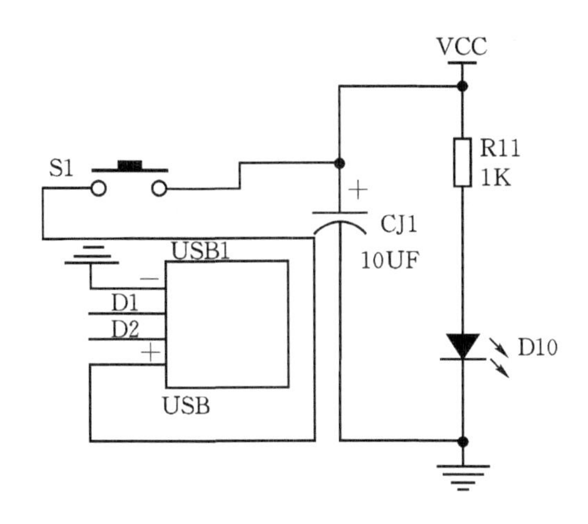

图1-4　电源模块电路图

此最小系统中的电源供电模块的电源可以通过计算机的USB口供给，也可使用外部稳定的5V电源供电模块供给。电源电路中接入了电源指示LED，图中R11为LED的限流电阻。S1为电源开关。

2. 复位电路

单片机的置位和复位，都是为了把电路初始化到一个确定的状态，一般来说，复位的时候，单片机是把一些寄存器以及存储设备装入厂商预设的一个值。

单片机复位电路原理是在单片机的复位引脚RST上外接电阻和电容，实现上电复位。当复位电平持续两个机器周期以上时复位有效。复位电平的持续时间必须大于单片机的两个机器周期。具体数值可以由 RC 电路计算出时间常数。如图 1-5 为复位电路图。

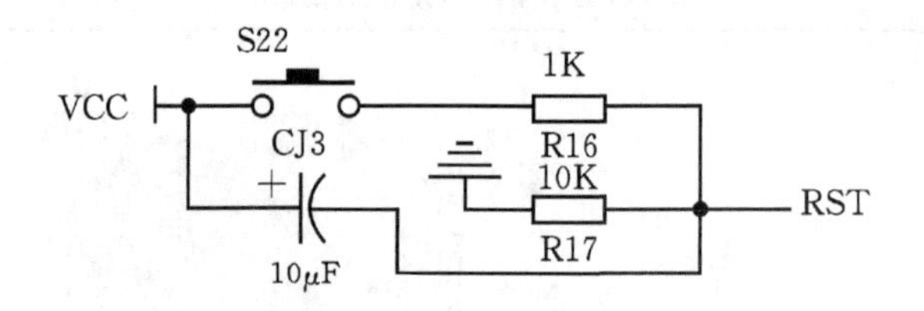

图 1-5　复位电路图

复位电路由按键复位和上电复位两部分组成。

1)上电复位。STC89 系列单片及为高电平复位,通常在复位引脚 RST 上连接一个电容到 VCC,再连接一个电阻到 GND,由此形成一个 RC 充放电回路保证单片机在上电时 RST 脚上有足够时间的高电平进行复位,随后回归到低电平进入正常工作状态,这个电阻和电容的典型值为 10K 和 10μF。

2)按键复位。按键复位就是在复位电容上并联一个开关,当开关按下时电容被放电、RST 也被拉到高电平,而且由于电容的充电,会保持一段时间的高电平来使单片机复位。

3. 振荡电路

单片机系统里都有晶振,在单片机系统里晶振作用非常大,全称叫晶体振荡器。它结合单片机内部电路产生单片机所需的时钟频率,单片机晶振提供的时钟频率越高,那么单片机运行速度就越快,单片接的一切指令的执行都是建立在单片机晶振提供的时钟频率,图 1-6 为振荡电路图。

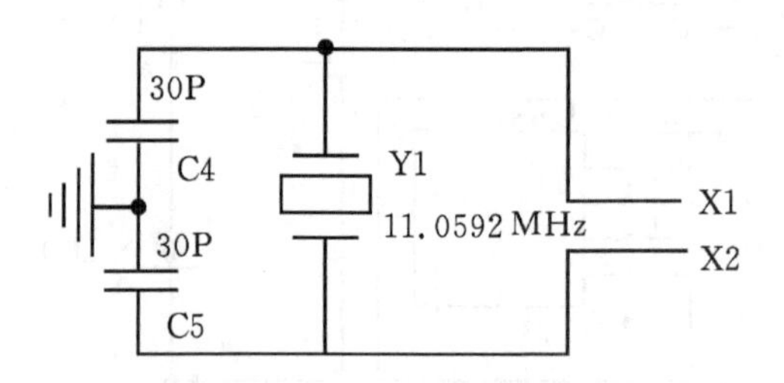

图 1-6　振荡电路图

在通常工作条件下,普通的晶振频率绝对精度可达百万分之五十。有些晶振还可以由外加电压在一定范围内调整频率,称为压控振荡器(VCO)。晶振用一种能把电能和机械能相互转化的晶体在共振的状态下工作,以提供稳定,精确的单频振荡。

单片机晶振的作用是为系统提供基本的时钟信号。通常一个系统共用一个晶振,便于各部分保持同步。有些通讯系统的基频和射频使用不同的晶振,而通过电子调整频率的方法保持同步。

晶振通常与锁相环电路配合使用,以提供系统所需的时钟频率。如果不同子系统需要不同频率的时钟信号,可以用与同一个晶振相连的不同锁相环来提供。

STC89C51 使用 11.0592MHz 的晶体振荡器作为振荡源,由于单片机内部带有振荡电路,所以外部只要连接一个晶振和两个电容即可,电容容量一般为 15～50pF 之间。

二、Keil编程软件使用

Keil C51是美国Keil Software公司出品的51系列兼容单片机C语言软件开发系统，与汇编相比，C语言在功能上、结构性、可读性、可维护性上有明显的优势，因而易学易用。Keil提供了包括C编译器、宏汇编、连接器、库管理和一个功能强大的仿真调试器等在内的完整开发方案，通过一个集成开发环境（uVision）将这些部分组合在一起。运行Keil软件需要WIN98、NT、WIN2000、WINXP等操作系统。如果你使用C语言编程，那么Keil几乎就是你的不二之选，即使不使用C语言而仅用汇编语言编程，其方便易用的集成环境、强大的软件仿真调试工具也会令你事半功倍。

Keil公司是一家业界领先的微控制器（MCU）软件开发工具的独立供应商。Keil公司由两家私人公司联合运营，分别是德国慕尼黑的Keil Elektronik GmbH和美国德克萨斯的Keil Software Inc。Keil公司制造和销售种类广泛的开发工具，包括ANSI C编译器、宏汇编程序、调试器、连接器、库管理器、固件和实时操作系统核心（real-time kernel）。有超过10万名微控制器开发人员在使用这种得到业界认可的解决方案。其Keil C51编译器自1988年引入市场以来成为事实上的行业标准，并支持超过500种8051变种。Keil公司在2005年被ARM公司收购。目前，共有5个软件版本，包括Keil μVision2、Keil μVision3、Keil μVision4、Keil μVision5等。

KeiluVision2是美国KeilSoftware公司出品的51系列兼容单片机C语言软件开发系统，使用接近于传统c语言的语法来开发，与汇编相比，C语言易学易用，而且大大的提高了工作效率和项目开发周期，他还能嵌入汇编，您可以在关键的位置嵌入，使程序达到接近于汇编的工作效率。KEILC51标准C编译器为8051微控制器的软件开发提供了C语言环境，同时保留了汇编代码高效，快速的特点。C51编译器的功能不断增强，使你可以更加贴近CPU本身及其他的衍生产品。C51已被完全集成到μVision2的集成开发环境中，这个集成开发环境包含：编译器，汇编器，实时操作系统，项目管理器，调试器。μVision2 IDE可为它们提供单一而灵活的开发环境。

2006年1月30日ARM推出全新的针对各种嵌入式处理器的软件开发工具，集成Keil μVision3的RealView MDK开发环境。RealView MDK开发工具Keil μVision3源自Keil公司。RealView MDK集成了业内领先的技术，包括Keil μVision3集成开发环境与RealView编译器。支持ARM7、ARM9和最新的Cortex－M3核处理器，自动配置启动代码，集成Flash烧写模块，强大的Simulation设备模拟，性能分析等功能，与ARM之前的工具包ADS等相比，RealView编译器的最新版本可将性能改善超过20%。

2009年2月发布Keil μVision4，Keil μVision4引入灵活的窗口管理系统，使开发人员能够使用多台监视器，并提供了视觉上的表面对窗口位置的完全控制的任何地方。新的用户界面可以更好地利用屏幕空间和更有效地组织多个窗口，提供一个整洁，高效的环境来开发应用程序。新版本支持更多最新的ARM芯片，还添加了一些其他新功能。2011年3月ARM公司发布最新集成开发环境RealView MDK开发工具中集成了最新版本的Keil μVision4，其编译器、调试工具实现与ARM器件的最完美匹配。

2013年10月，Keil正式发布了keil μVision5 IDE。

本课程的后续项目都在keil μVision4软件上运行调试，以下为该软件简要说明。具体可以参考 keil 软件相关教材。

1. 软件图标

keil μVision4 软件图标、界面如图 1－7 所示，μVision4 允许同时打开、浏览多个源文件(但不建议此种操作)。

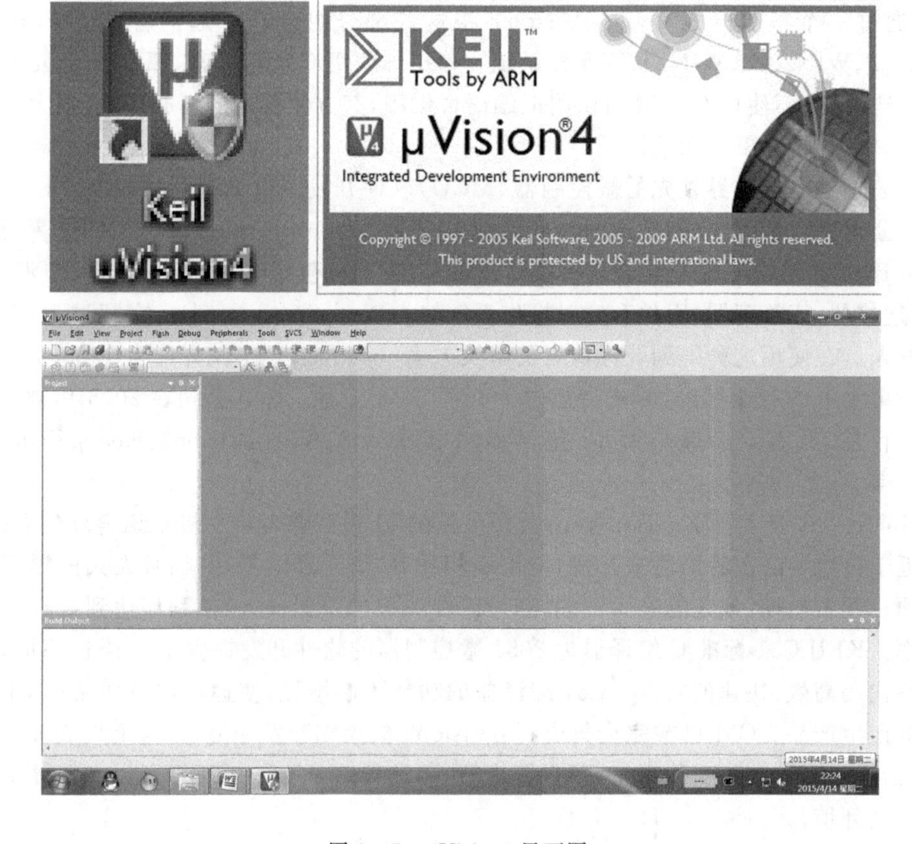

图 1－7　μVision4 界面图

2. Keil μVision4 工作界面

keil 软件界面包括菜单栏、快捷工具条、编译工具条、工程窗口、文本编辑窗口和信息窗口等。具体如图 1－8、1－9、1－10、1－11 所示。

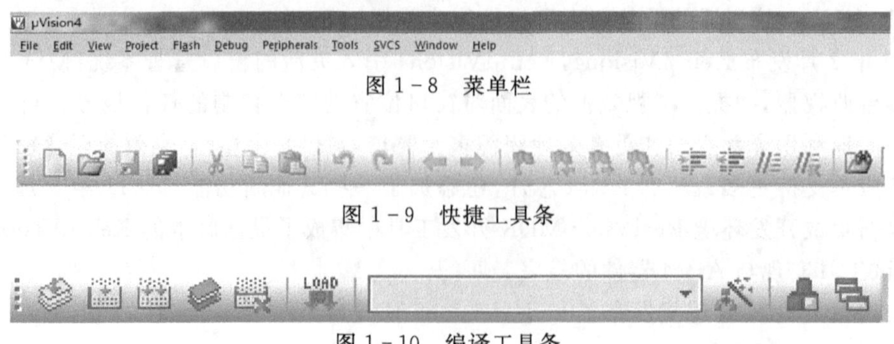

图 1－8　菜单栏

图 1－9　快捷工具条

图 1－10　编译工具条

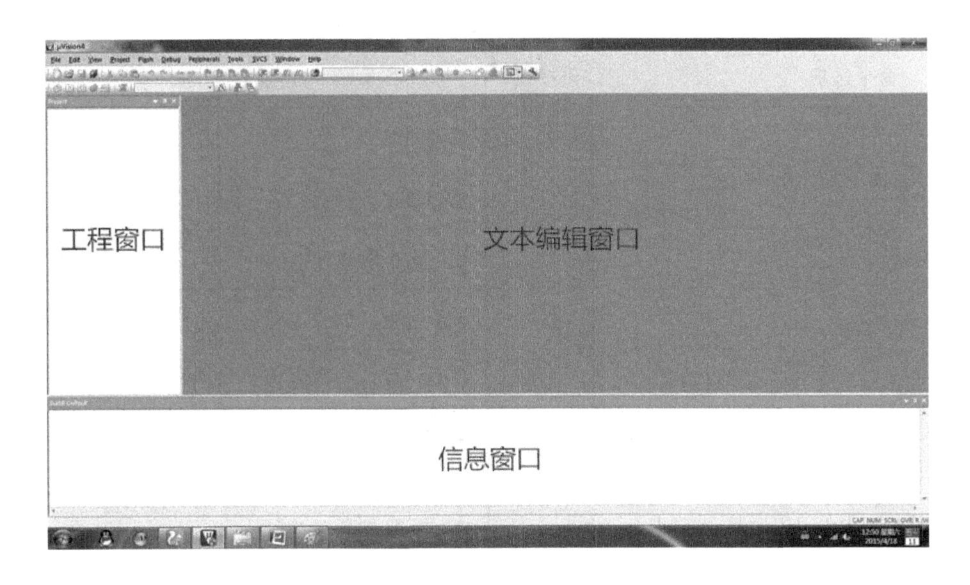

图 1-11　工程窗口、文本编辑窗口和信息窗口

3. 菜单与工具条介绍

Keil 软件的操作界面中，很多编译工具与调试器的快捷键，具体介绍如下表 1-1，表 1-2 所示。

表 1-1　编译工具条快捷键

命令选项	工具条按钮	功能描述
translate		编译当前文件
Build target		编译修改后的文件并构建应用程序
Rebuild target		重新编译所有文件并构建应用程序
Batch bulid		编译选中的多个项目目标
Stop bulid		停止编译过程
Flash download	LOAD	调用 flash 下载工具
Target option		设置该项目目标的设备选项，输出选项、编译选项、调试器和 flash 下载工具等选项
Select current Project target	Target 1	选择当前项目的目标
Manage project		设置项目组件，配置工具环境，项目相关数据等

表1-2 调试器菜单快捷键

命令选项	工具条按钮	功能描述
Reset CPU		重置CPU
go		运行程序，直到遇到一个活动断点
Half execution		暂停运行程序
Single step into		单步运行。如果当前行是函数，会进入函数。
Step over		但不运行。如果当前行是函数，会将函数一直运行结束
Step out		运行直到跳出函数，或遇到活动断点
Run to cursor line		运行到光标处所在行
Show next satement		显示下一条执行语句或指令
disassembly		显示或隐藏汇编窗口
Watch&call stack windows		显示或隐藏 watch&call stack 窗口
Memory window		显示或隐藏 memory 窗口

4. 此软件安装方法不统一说明，大家请参照官方软件指定操作步骤就可以。

三、Proteus 电路仿真软件使用

如果有硬件仿真平台，可以直接跳过本学习内容。因每个学习者身边教学设备所限，可能没有硬件仿真平台(比如单片机实验箱、单片机最小系统、单片机开发板与51仿真器等)，在keil C软件编程后，无法有效进行调试。针对以上情况，初学者可以采用Proteus电路仿真软件来仿真(根据电路图来实现程序调试)。

Proteus ISIS是英国Labce nter公司开发的电路分析与实物仿真软件。它运行于Windows操作系统上，可以仿真、分析(SPICE)各种模拟器件和集成电路，该软件的特点是：①实现了单片机仿真和SPICE电路仿真相结合。具有模拟电路仿真、数字电路仿真、单片机及其外围电路组成的系统的仿真、RS232动态仿真、I2C调试器、SPI调试器、键盘和LCD系统仿真的功能；有各种虚拟仪器，如示波器、逻辑分析仪、信号发生器等。②支持主流单片机系统的仿真。目前支持的单片机类型有：68000系列、8051系列、AVR系列、PIC12系列、PIC16系列、PIC18系列、Z80系列、HC11系列以及各种外围芯片。③提供软件调试功能。在硬件仿真系统中具有全速、单步、设置断点等调试功能，同时可以观察各个变量、寄存器等的当前状态，因此在该软件仿真系统中，也必须具有这些功能；同时支持第三方的软件编译和调试环境，如Keil C51 μVision4等软件。④具有强大的原理图绘制功能。总之，该软件是一款集单片机和SPICE分析于一身的仿真软件，功能极其强大。下面介绍Proteus ISIS软件的工作环境和一些基本操作。

1. 软件图标

双击桌面上的 ISIS 7 Professional 图标或者单击屏幕左下方的“开始”→“程序”→“Proteus 7 Professional” →“ISIS 7 Professional”,如图 1-12 所示,进入 Proteus ISIS 集成环境。

图 1-12 软件图标

2. Proteus ISIS 工作界面

工作界面是一种标准的 Windows 界面,如图 1-13 所示。包括:标题栏、主菜单、标准工具栏、绘图工具栏、状态栏、对象选择按钮、预览对象方位控制按钮、仿真进程控制按钮、预览窗口、对象选择器窗口、图形编辑窗口。

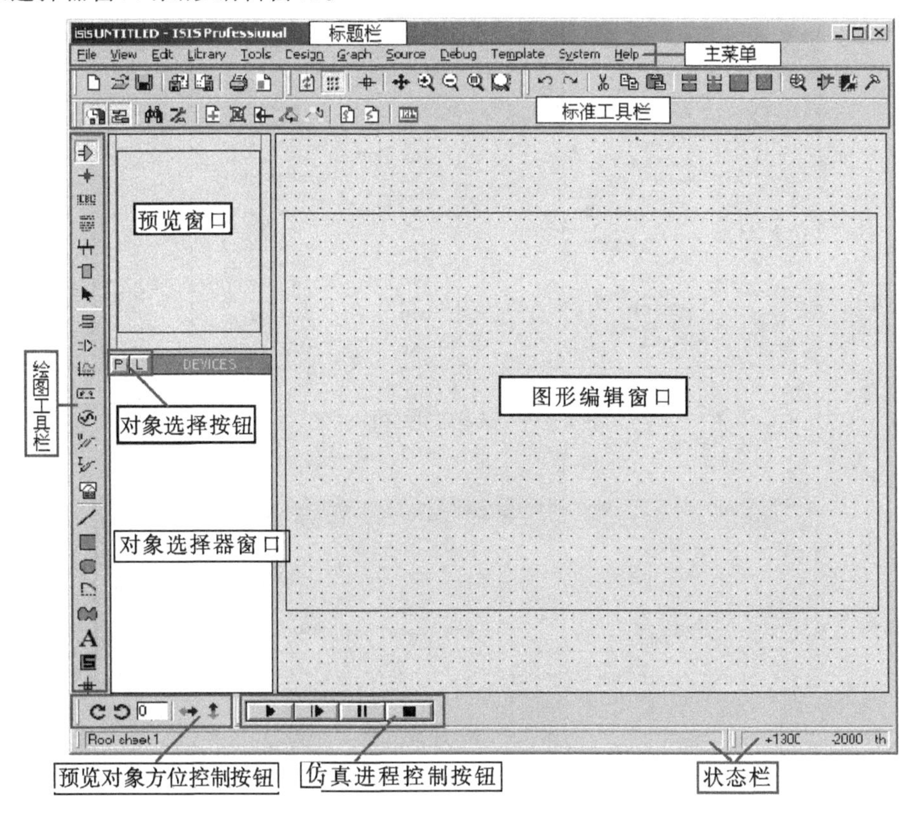

图 1-13 Proteus ISIS 的工作界面

3. 工程打开

在学习过程中，不需要学习者非常熟悉 Proteus 软件的详细功能和操作细节。我们只要求学习者能利用本教材提供的电路仿真工程文件，进行 C 语言程序的仿真调试即可。所以，只要掌握以下几个步骤就可以：打开给定工程、C 语言程序导入、程序运行仿真。

首先打开给定的工程，也就是利用 proteus 软件打开给定的仿真电路图。如图 1-14、1-15、1-16、1-17 所示。

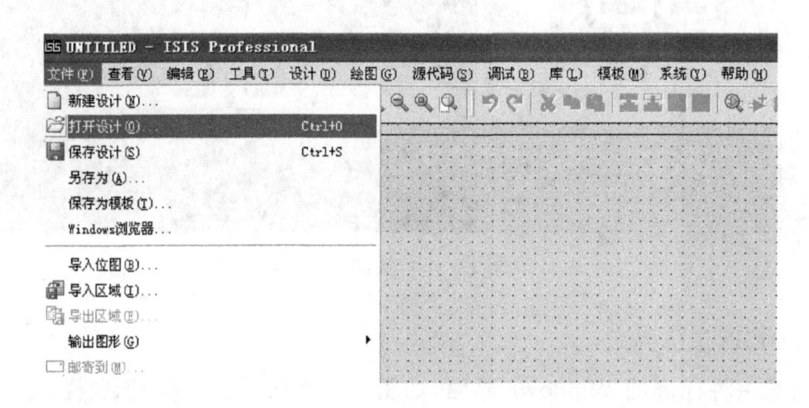

图 1-14　打开给定工程

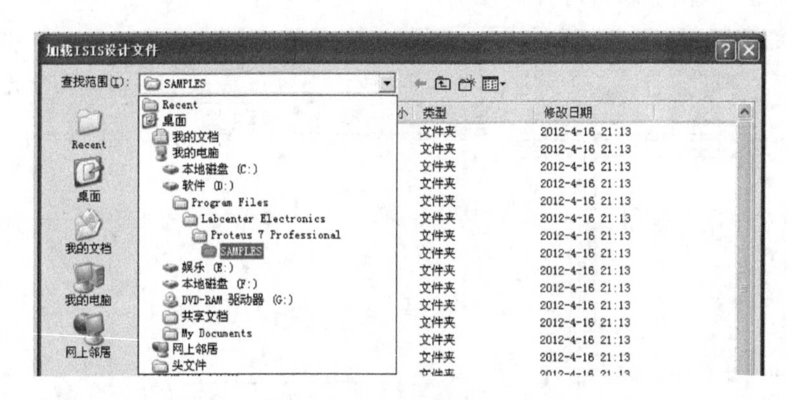

图 1-15　选择工程文件位置

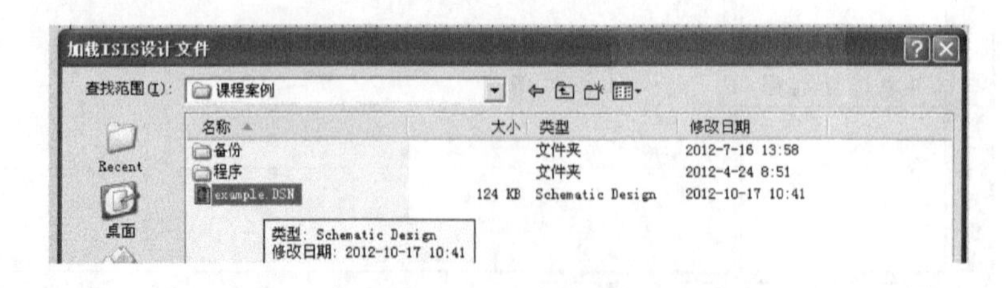

图 1-16　选择工程

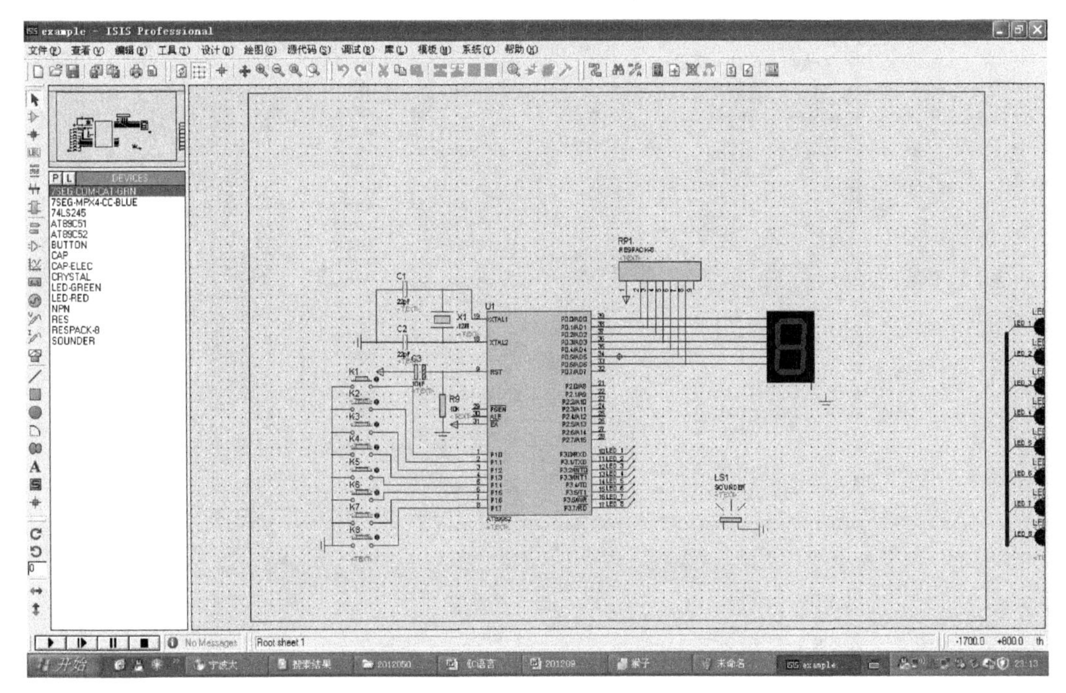

图 1-17　打开工程文件电路图

4. 加载C语言程序

双击电路图中“单片机”字样长方形框，弹出 edit component 对话框，点击 program file:选框后面的文件夹图标，弹出 select file name 对话框，在“查找范围”选框选择 keil 软件新建的工程文件夹位置(本案例工程保存在桌面—firstproject 文件夹里，所以位置选择“桌面—firstproject”)，双击“firstproject”打开，找到后缀名为 hex 的“example. hex”文件，选中该文件，再点击右下角“打开”，界面回到“edit component”对话框，再点击该对话框右上角的“OK”项，完成设置。具体如图 1-18 所示。

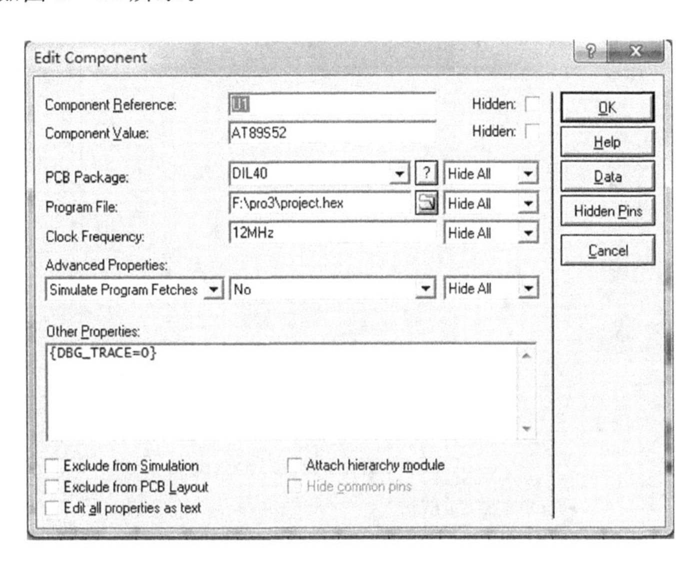

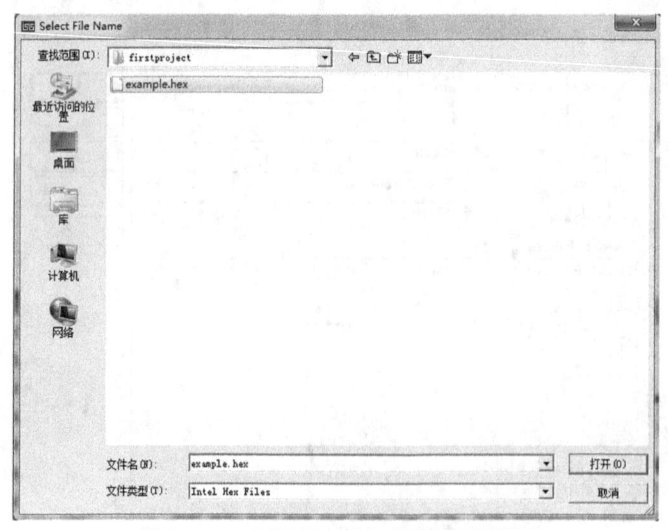

图 1－18　C语言文件加载步骤示意图

在此步骤中，如果找不到“example. hex”文件，说明上一步骤未完成，请重新操作上一步骤。

5. 软件电路仿真测试

回到软件的电路图界面，如图 1－19 所示，点击 Proteus 软件的左下角 中第一个 按钮，C 语言程序在本电路图中仿真运行，可以看到最左侧一个 LED 灯开始闪烁。如果要停止运行，点击最后一个按钮即可 。

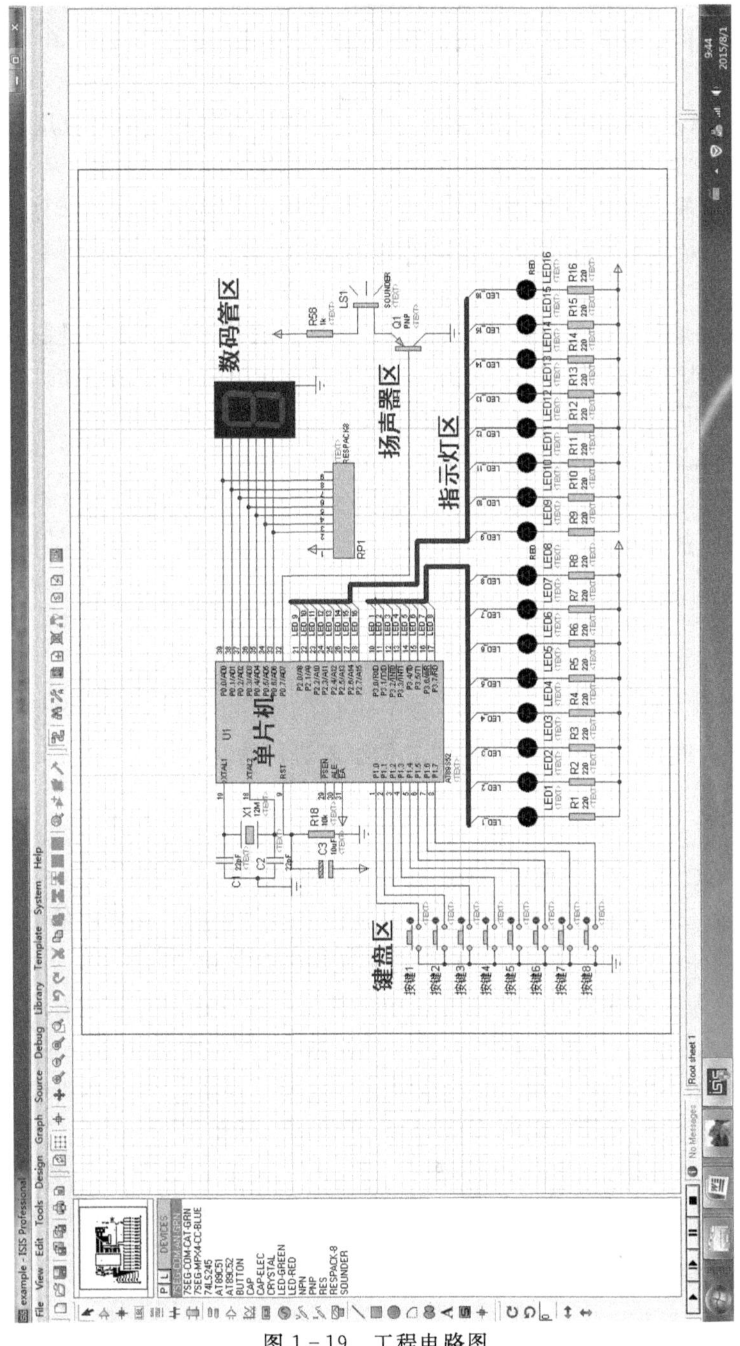

图 1－19　工程电路图

四、进制数

(一)二进制

二进制是计算技术中广泛采用的一种数制。二进制数据是用0和1两个数码来表示的数。它的基数为2,进位规则是“逢二进一”,借位规则是“借一当二”,由18世纪德国数理哲学大师莱布尼兹发现。当前的计算机系统使用的基本上是二进制系统,数据在计算机中主要是以补码的形式存储的。计算机中的二进制则是一个非常微小的开关,用“开”来表示1,“关”来表示0。

20世纪被称作第三次科技革命的重要标志之一的计算机的发明与应用,因为数字计算机只能识别和处理由“0”、“1”符号串组成的代码,其运算模式正是二进制。19世纪爱尔兰逻辑学家乔治布尔对逻辑命题的思考过程转化为对符号“0”、“1”的某种代数演算,二进制是逢2进位的进位制。0、1是基本算符。因为它只使用0、1两个数字符号,非常简单方便,易于用电子方式实现。

二进制数据也是采用位置计数法,其位权是以2为底的幂。例如二进制数据110.11,逢2进1,其权的大小顺序为2^2、2^1、2^0、2^{-1}、2^{-2}。对于有n位整数,m位小数的二进制数据用加权系数展开式表示,可写为:

$$(a_{n-1}a_{n-2}\cdots a_{-1}\cdots a_{-m})_2$$
$$=(a_{n-1}2^{n-1}+a_{n-2}\times 2^{n-2}+\cdots+a_1\times 2^1+a_0\times 2^0+a_{-1}\times 2^{-1}+a_{-2}\times 2^{-2}+\cdots+a_{-m}\times 2^{-m}$$

二进制数据一般可写为:

$$(a_{n-1}a_{n-2}\cdots a_1a_0a_{-1}\cdots a-m)_2$$

【例1.3】 将二进制数据111.01写成加权系数的形式。

解:

$$(111.01)_2=(1\times 2^2)+(1\times 2^1)+(1\times 2^0)+(0\times 2^{-1})+(1\times 2^{-2})$$

二进制和十六进制,八进制一样,都以二的幂来进位的。

(二)八进制

Octal,缩写OCT或O,一种以8为基数的计数法,采用0,1,2,3,4,5,6,7八个数字,逢八进1。一些编程语言中常常以数字0开始表明该数字是八进制。八进制的数和二进制数可以按位对应(八进制一位对应二进制三位),因此常应用在计算机语言中。

八进制(基数为8)表示法在计算机系统中很常见,因此,我们有时能看到人们使用八进制表示法。由于十六进制一位可以对应4位二进制数字,用十六进制来表示二进制较为方便。因此,八进制的应用不如十六进制。有一些程序设计语言提供了使用八进制符号来表示数字的能力,而且还是有一些比较古老的Unix应用在使用八进制。

计算机需要数制转换,计算机内部使用二进制,二进制八进制十进制之间的数制转换,FORTRAN77编制,围绕二进制与小数,完成二进制八进制十进制之间的数制转换。

(三)十六进制

十六进制(英文名称:Hexadecimal),是计算机中数据的一种表示方法。同我们日常生活中的表示法不一样。它由0—9,A—F组成,字母不区分大小写。与10进制的对应关系是:0—9对应0—9;A—F对应10—15;N进制的数可以用0~(N—1)的数表示,超过9的用字母A—F。

(四)各进制关系

二进制、八进制、十进制、十六进制之间关系如下表1-3所示。

表1-3 各进制数关系

二进制	八进制	十进制	十六进制
0000	0	0	0
0001	1	1	1
0010	2	2	2
0011	3	3	3
0100	4	4	4
0101	5	5	5
0110	6	6	6
0111	7	7	7
1000	10	8	8
1001	11	9	9
1010	12	10	A
1011	13	11	B
1100	14	12	C
1101	15	13	D
1110	16	14	E
1111	17	15	F

项目二　典型C程序运行

项目目标导读

知识目标

(1)理解C语言概念、地位和用途；

(2)熟悉C语言编程规范；

(3)熟悉单片机及单片机最小系统；

(4)熟悉Keil编程软件及操作方法。

能力目标

(1)会使用Keil编程软件新建工程和文件等；

(2)会使用keil软件输入简单程序进行编译、调试及仿真；

(3)会使用硬件调试平台，运行程序；

(4)会使用软件仿真调试平台，运行程序。

项目背景

为实现教学目标，将C语言知识和应用与电子类专业具体的案例结合，区别于传统VC++环境为运行平台、printf()及scanf()指令对课程语法及知识进行调试的教学模式，充分考虑电子类专业教学特点，更改为Keil编程软件和单片机硬件系统相结合的运行平台，在简单了解单片机及最小系统的硬件电路基础上，使C语言教学更加形象化、生动化和专业化。本项目为后续项目打基础，熟悉Keil编程软件和调试工具(硬件调试与软件调试)的使用方法，掌握典型C语言程序运行方法，理解学习C语言的目的和作用。

任务一　硬件调试运行

任务要求：把例1.1程序输入到Keil C编程软件中，然后在硬件调试平台中调试、运行，查看程序效果。具体操作步骤如下：

1. 启动软件

双击桌面Keil μVision4图标(本书使用keil软件的第四版)，启动软件，如图2-1所示。注意打开软件界面应该为空白，如图2-1所示，如果第一次打开为非空白，请按第10步操作，然后返回第2步骤继续往下操作。

2. 新建项目

Keil编程软件规定，必须先要建项目。点击菜单栏里面project按钮，如图2-2所示，选择new μvision project…选项，弹出如图2-3项目保存地址对话框。

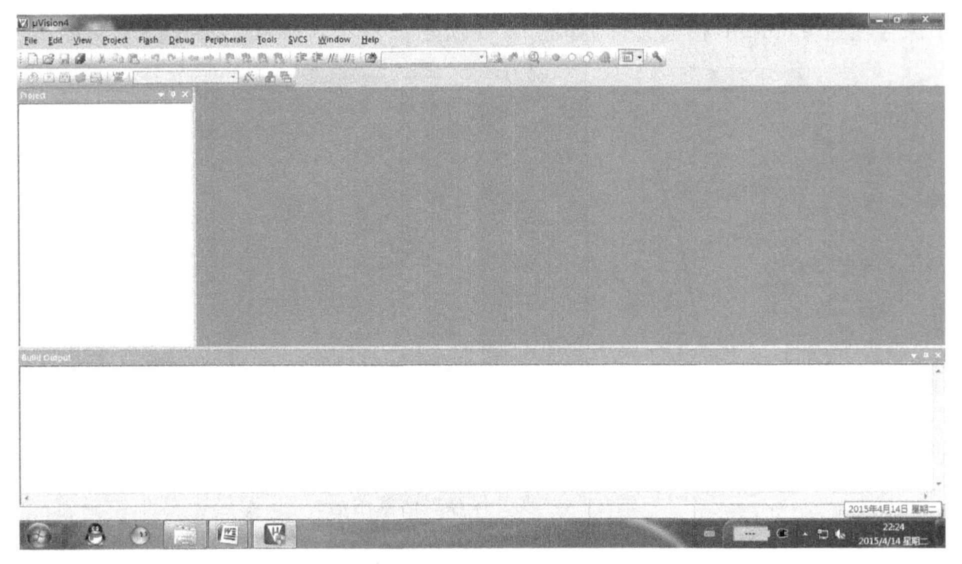

图 2－1　Keil μVision4 软件图标与界面

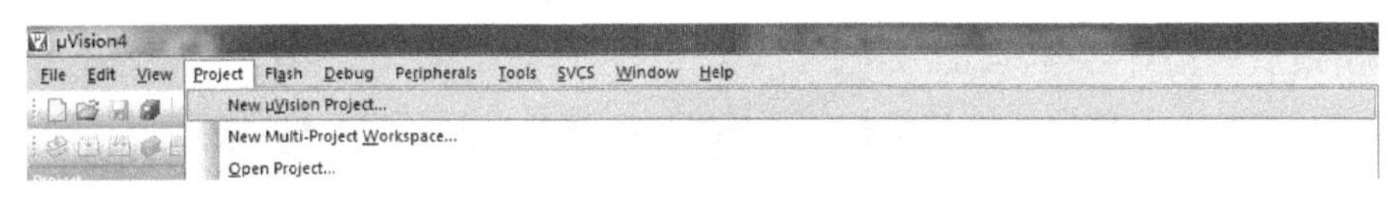

图 2－2　project 按钮图示

图 2－3　项目对话框图示

新建一个名称为 example 的项目，保存在桌面的 firstproject 文件夹中。选择“桌面”位置，桌面新建 firstproject 文件夹，输入“example”项目名。新建的项目取名为 example，该项目名称可以任取。该新建项目保存位置也可以任意设置，由使用者自己确定，同时保存在哪个文件夹也可以随意定义，文件夹名称也可以任取。此处新建了一个名称为 firstproject 的文件夹，用于保存项目 example 相关文件，如图 2－4 所示。

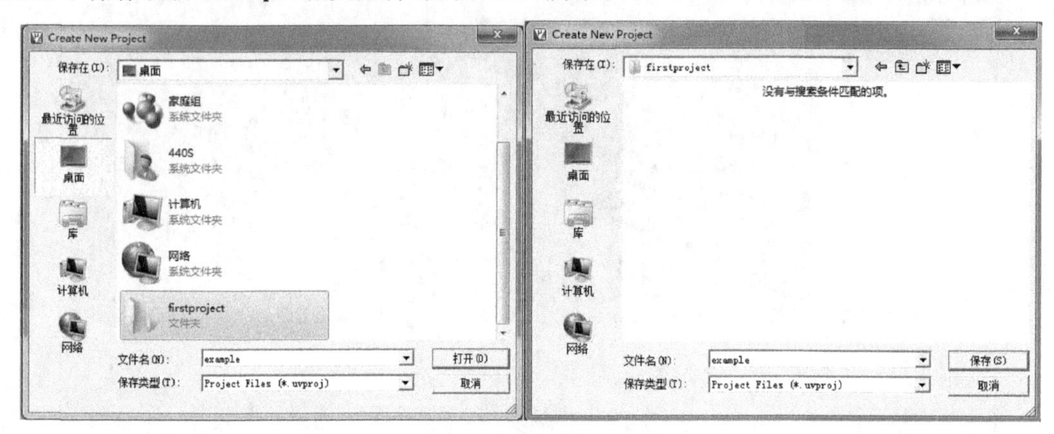

图 2－4　项目保存对话框图示

然后双击 firstproject 文件夹，点击“保存”，弹出如图 2－5 的对话框，选择项目所用单片机芯片。选择“Atmel”，点击“Atmel”英文前面“＋”符号，划动下拉框，选择“AT89C51”，点击“OK”，弹出最后一幅对话框，点击“是”。

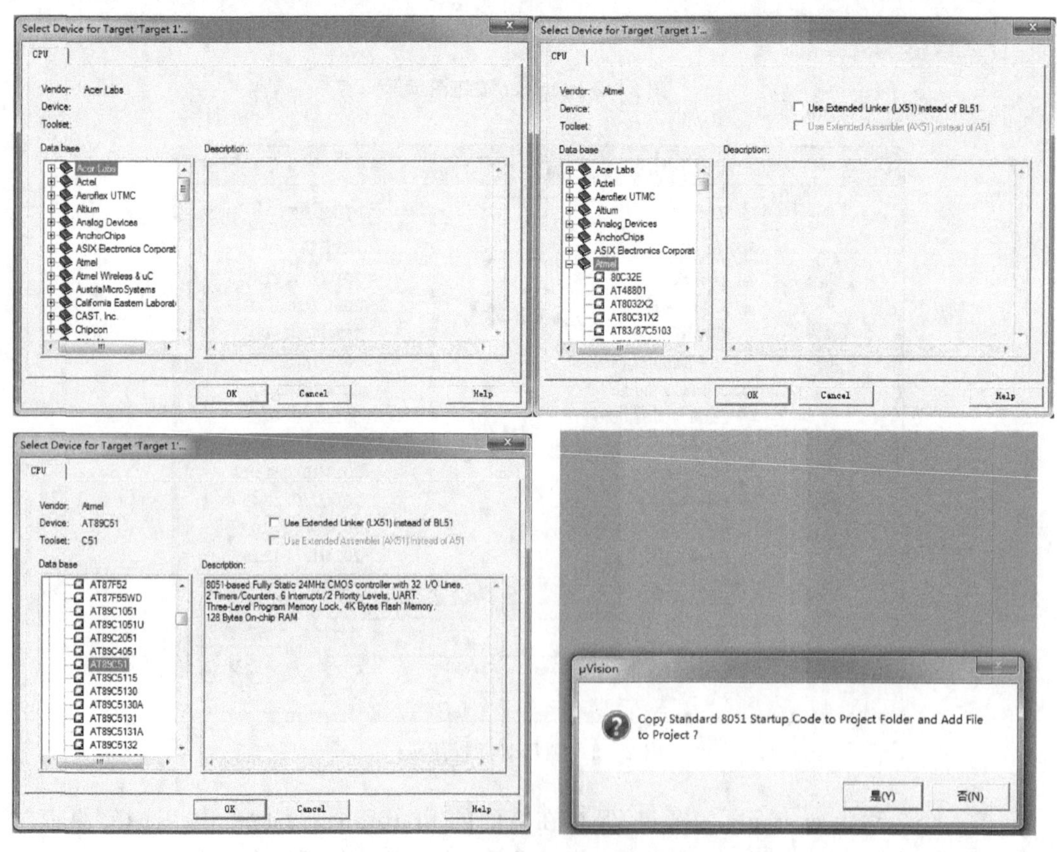

图 2－5　芯片选择对话框图示

软件操作界面左侧出现如图 2－6 所示内容，点击文件夹前面“＋”即可展开。

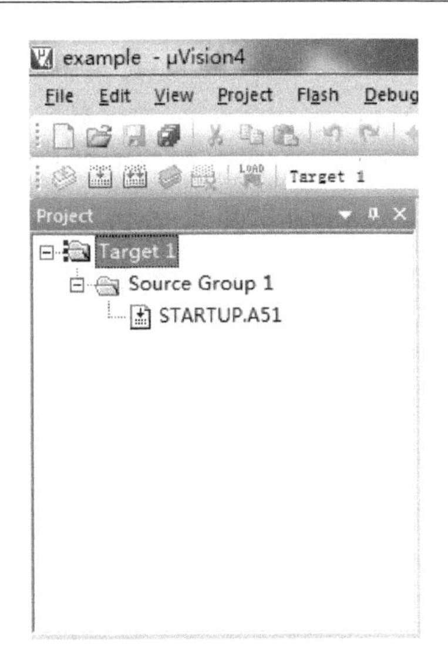

图 2－6　对话框图示

3. 新建文件

点击软件左上角菜单“file”，选择“new”，新建一个文件。然后点击菜单“file”，选择“save”，保存新建文件。弹出“save as”对话框，选择保存位置(保存位置默认与项目位置相同，建议不要更改)，取名新建文件“example_led. c”。文件名可以任意取，建议不要用中文，而且必须要有后缀“. c”。文件的名称、项目名称与保存文件夹名称的命名没有必然联系，可以任意命名，如图 2－7 所示。

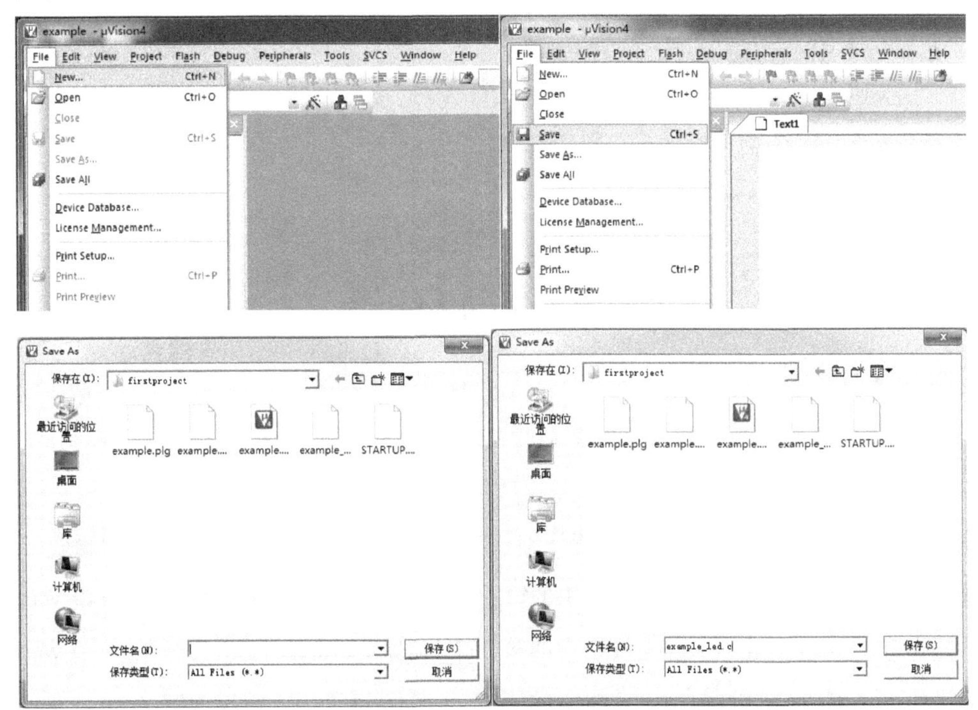

图 2－7　新建文件对话框图示

4. 添加文件(新建的 example_led.c 文件)到项目(example)中

单击界面左侧菜单框中“source group 1”文件夹,右键鼠标,弹出选项菜单,选择“Add Files to Group Source Group 1…”,弹出添加文件对话框,选择需要添加到 C 文件(要添加刚刚新建的“example_led.c”C 文件),单击“Add”,完成添加步骤,点击“close”关闭窗口,如图2-8所示。

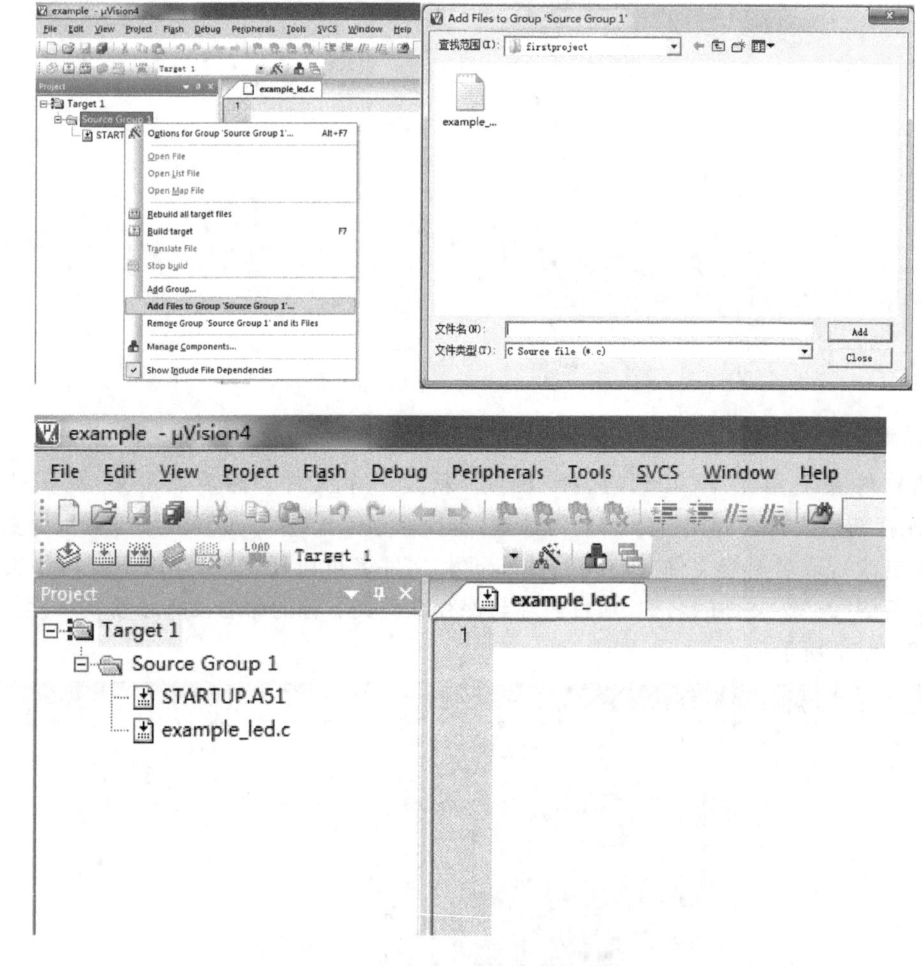

图 2-8　添加文件对话框图示

5. 输入案例程序

英文输入法下,在软件的程序输入窗口中输入案例 1.1 程序,如图 2-9 所示。

6. 检查输入程序正确性

案例 1.1 程序全部输入到软件后,请仔细核对正确性。点击软件左上角“”三个按钮。操作步骤如下:1)点击按钮中的第一个,确保 build out 输出为“0 error,0 warning”;完成后操作下一步;2)点击按钮中的第二个,确保 build out 输出为“0 error,0 warning”;完成后操作下一步;3)点击按钮中的第三个,确保 build out 输出为“0 error,0 warning”。以上三个步骤必须完成,且要保证 0 error,0 warning。如图 2-10 所示。

```
example - µVision4
File Edit View Project Flash Debug Peripherals Tools SVCS Window Help
Target 1
Project
Target 1
  Source Group 1
    STARTUP.A51
    example_led.c

example_led.c
01 #include <reg52.h>          //系统头文件,包含用户可用的多个定义
02 sbit LED1= P3^0;
03 void delayms()
04 {
05     unsigned char x=250□□
06     unsigned char i;
07     while(x--)
08     {
09         i=0;
10         while(i<250)
11         {
12             i=i+1;
13         }
14     }
15 }
16 void main()                 //main是函数的名称，表示"主函数"。
17 {                           //main主函数体的开始。任何一个函数都有"{}"
18     while(1)                //while(1)为一条C语言指令
19     {                       //while指令的开始
20         LED1=0;             //点亮第一个指示灯
21         delayms();          //延时函数，表示延时一定的时间
22         LED1=1;             //熄灭第一个指示灯
23         delayms();          //延时函数，表示延时一定的时间
24     }                       // while指令的结束
25 }                           //mian主函数体的结束。任何一个函数都有"{}"
26
Build Output
```

图 2-9 输入程序图示

```
Build Output
compiling example_led.c...
example_led.c - 0 Error(s), 0 Warning(s).
```

```
Build Output
Build target 'Target 1'
linking...
Program Size: data=9.0 xdata=0 code=47
"example" - 0 Error(s), 0 Warning(s).
```

```
Build Output
Build target 'Target 1'
assembling STARTUP.A51...
compiling example_led.c...
linking...
Program Size: data=9.0 xdata=0 code=47
"example" - 0 Error(s), 0 Warning(s).
```

图 2-10 编译输出对话框图示

7. 设置软件的硬件仿真器相关参数

完成第6步非常重要，必须保证0 error，0 warning，否则仿真会没有预想效果。单击软件左侧project窗口的"target 1"文件夹，鼠标右键后弹出选项框，选择"options for target target1…"。在弹出的"options for target target1…"对话框中，选择"debug" Debug 选项，选中第二个"use"

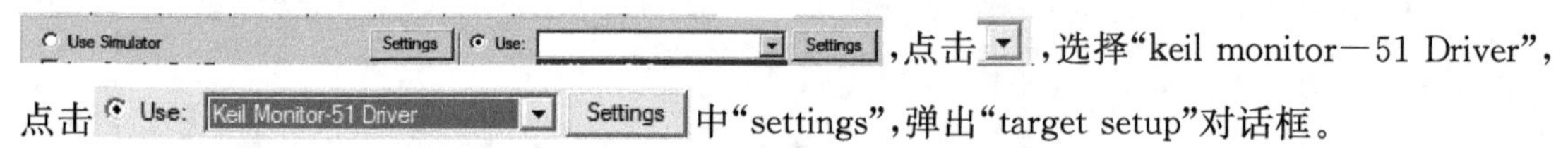

，点击▼，选择"keil monitor－51 Driver"，点击 Use: Keil Monitor-51 Driver ▼ Settings 中"settings"，弹出"target setup"对话框。

在"target setup"对话框中，Port栏处选择端口(图文显示com3，端口的选择取决于硬件仿真器连接后，电脑识别端口，在"我的电脑—设备管理器—端口"处查询)，baudarte波特率栏处选择"115200"，其他保持不变。完成后，点击"OK"，完成仿真器参数设置，具体如图2－11所示。

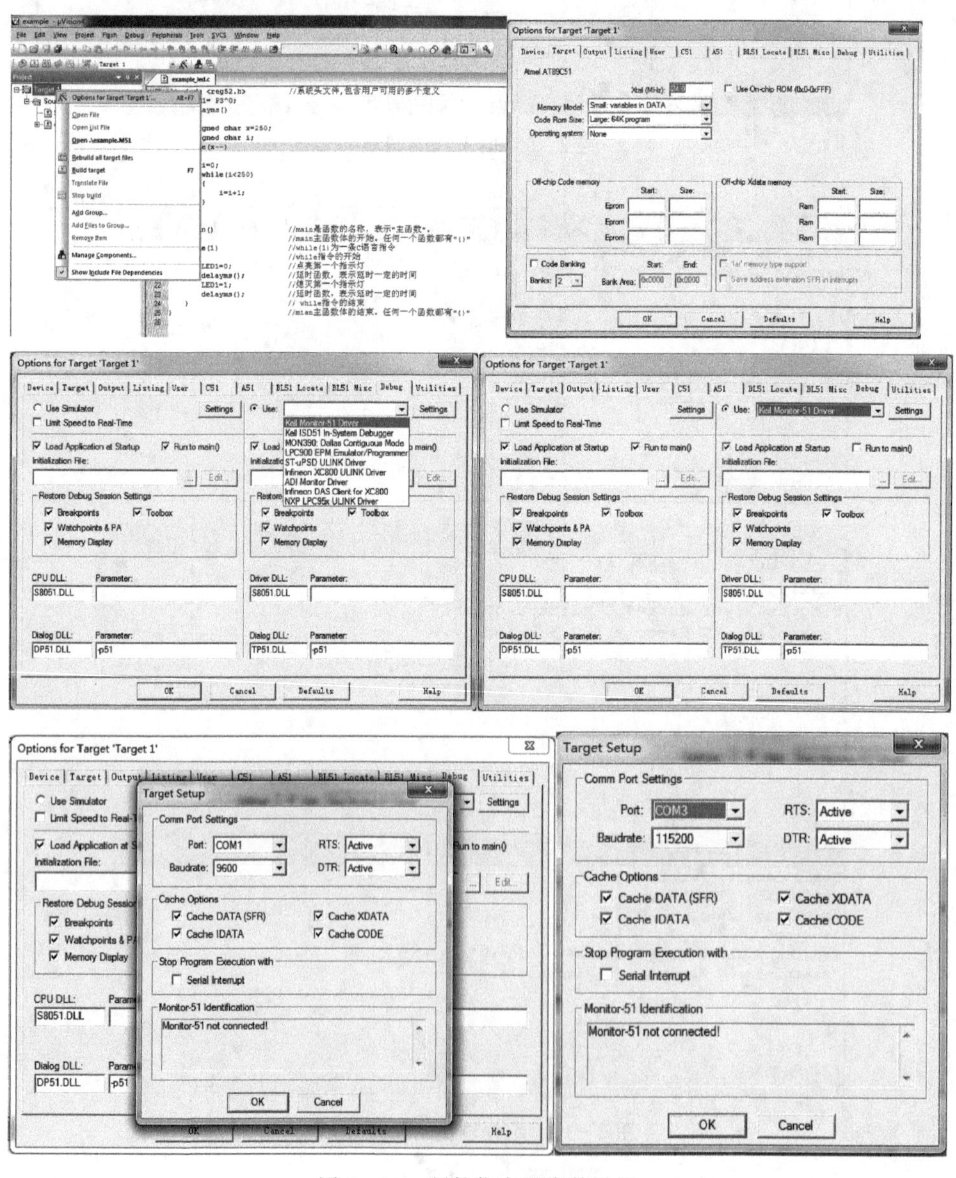

图2－11　硬件仿真器参数设置

8. 连接仿真器和硬件平台

完成以上1到7步骤后，接下来要对硬件调试平台和51仿真器进行连接。本教材采用单片机实验箱作为硬件调试平台和THKL－C51仿真器，学习者要根据身边具备的硬件调试平台和51仿真器进行不同的设置和连接。如图2－12所示，本书采用以下硬件单片机实验箱和51仿真器。

图2－12　硬件调试平台和仿真器图示

仿真器THKL－C51的仿真头与单片机实验箱单片机槽相连，仿真器THKL－C51的USB连接头与笔记本相连，笔记本能识别硬件，然后完成硬件驱动安装即可。具体连接示意图如图2－13所示。按照图2－13要求，笔记本、仿真器、单片机实验箱进行相连，在笔记本中安装仿真器驱动。因为本案例程序需要LED灯显示，所以单片机实验箱的P3.0引脚与LED灯用导线相连。

9. 程序仿真调试

程序编译无错误，硬件连接到位后，点击软件debug按钮，进入调试界面，如图2－14所示。点击软件左上角运行按钮，就可以运行程序，在硬件实验箱的LED灯可以看到连接的灯在闪烁。

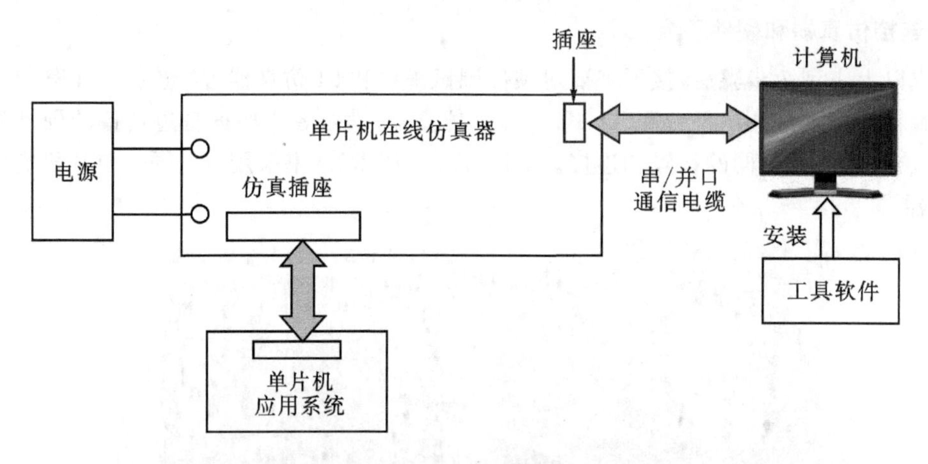

图 2-13　仿真器连接图示

图 2-14　调试窗口界面图示

任务二　电路仿真运行

当学习者没有硬件调试平台(单片机实验箱或核心板、51 仿真器等)时，可以使用 proteus 电路仿真软件调试实现。按照任务一硬件调试运行中 **1～6** 操作步骤后，再执行以下步骤。

7. 生产 hex 文件

单击软件左侧 project 窗口的“target 1”文件夹，鼠标右键后弹出选项框，选择“options for target target1…”。在弹出的“options for target target1…”对话框中，选择“output” Output 选项，在 ☑ Create HEX File　HEX Format: HEX-80 选项前面打勾，然后点击 OK，关闭对话框，如图 2-15 所示。

再次从左到右依次点击软件左上角“”三个快捷键。

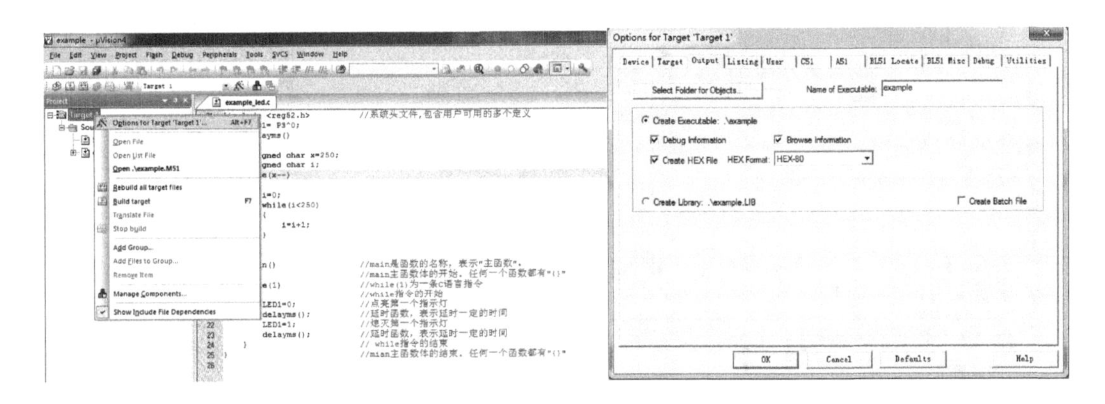

图 2-15　十六进制文件设置图示

8. 打开仿真电路图

根据本书提供的 Proteus 软件绘制的电路仿真图，进行 C 语言程序调试运行。执行第 8 步前要先安装 Proteus 软件，然后双击打开仿真电路工程 example. DSN（该工程与教材一起提供，需要学习者拷贝到笔记本电脑里），如图 2-16 所示。

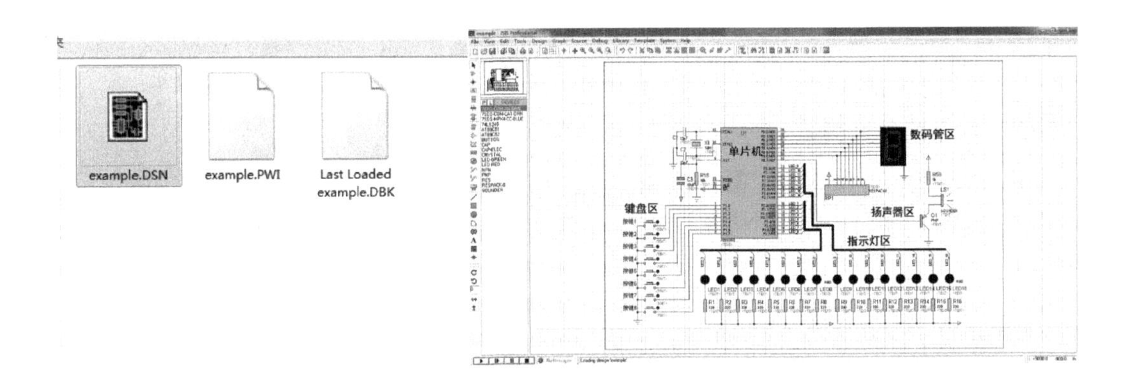

图 2-16　电路仿真图示图

9. 加载 C 语言程序电路仿真

双击电路图中“单片机”字样长方形框，弹出 edit component 对话框，点击 program file:选框后面的文件夹图标，弹出 select file name 对话框，在“查找范围”选框选择 keil 软件新建的工程文件夹位置（本案例工程保存在桌面—firstproject 文件夹里，所以位置选择“桌面—firstproject”），双击“firstproject”打开，找到后缀名为 hex 的“example. hex”文件，选中该文件，再点击右下角“打开”，界面回到“edit component”对话框，再点击该对话框右上角的“OK”项，完成设置。具体如图 2-17 所示。

在此步骤中，如果找不到“example. hex”文件，说明第 7 步骤未完成，请重新操作上一步骤。

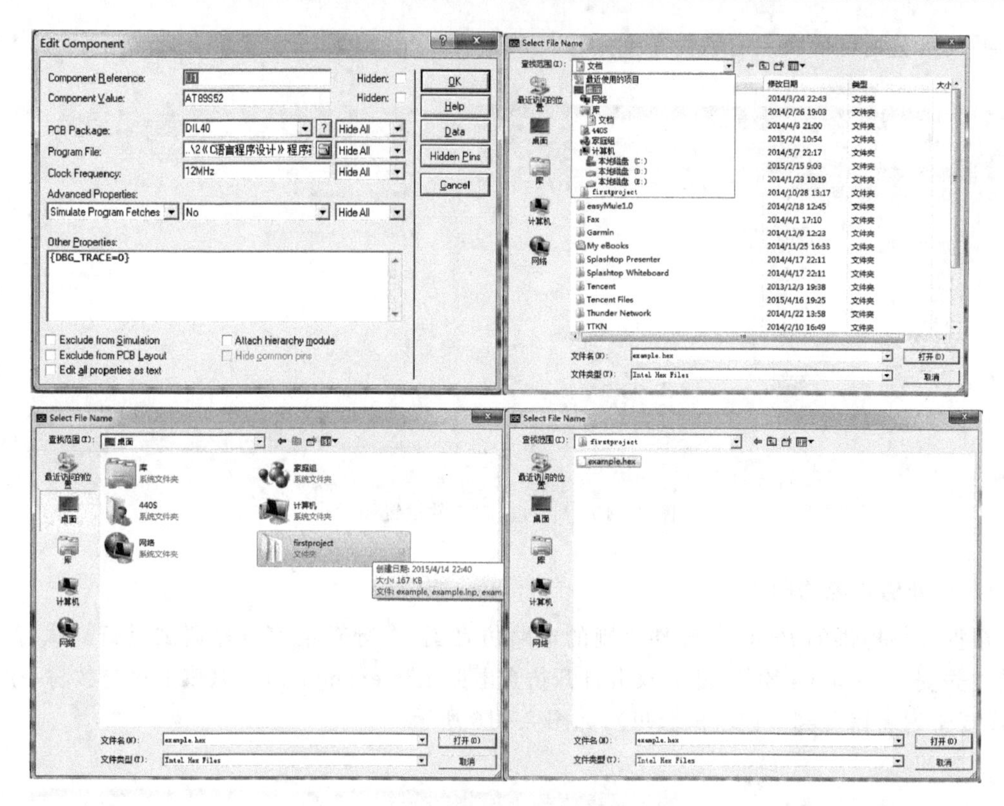

图 2-17　C语言文件加载步骤示意图

10. 软件电路仿真测试

回到软件的电路图界面，如图 2-18 所示，点击 Proteus 软件的左下角 ▶ ▮▶ ▮▮ ■ 中第一个 ▶ 按钮，C语言程序在本电路图中仿真运行，可以看到最左侧一个 LED 灯开始闪烁。如果要停止运行，点击最后一个按钮即可 ■ 。

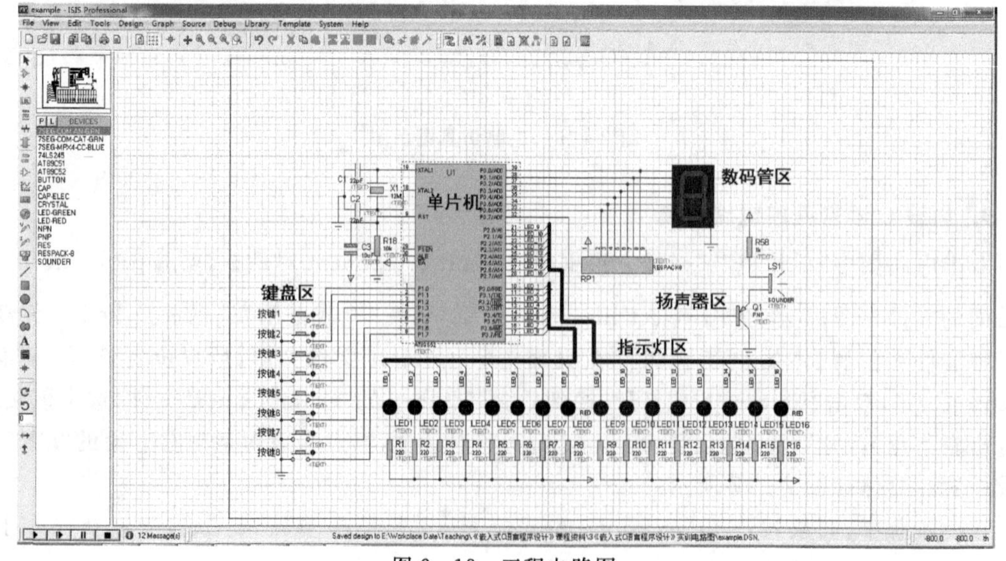

图 2-18　工程电路图

通过第7、8、9、10步骤后，完成一个C语言程序加载到给定仿真电路图中，用来测试该C语言程序的编写效果。同理，如果学习者自己编写了一个新的C语言程序，只要通过第7步骤生产新的后缀名为hex的文件，然后按照第8、9、10步骤加载、运行即可查看程序效果。

项目三　指示灯设计与实现

项目目标导读

知识目标

(1)掌握C语言程序基本结构和编程规则；

(2)掌握Keil编程软件使用方法和硬件调试方法；

(3)熟悉单片机和单片机最小系统概念；

(4)理解LED灯硬件结构和控制原理；

(5)熟悉C程序基本结构、预处理命令(include、define)、关键字(sbit)、函数(main)、赋值运算符(=)等指令概念；

(6)掌握C语言程序顺序设计方法。

能力目标

(1)能使用Keil软件和硬件仿真器进行程序输入、编译、调试及运行；

(2)能编写最简单main程序并演示。

项目背景

指示灯是用于指示有关照明、灯光信号、工作系统的技术状况，并对异常情况发出灯光信号警报作用。在生活中应用非常普遍，比如汽车、家用电器、设备等各种电子设备上。一般，指示灯通过灯的亮、灭效果(简称闪烁)控制实现对状态的指示，比如灯闪烁的快与慢程度来表示不同的含义。指示灯可以通过多种灯来实现，其中在弱电领域里发光二极管最为常用。

通过对指示灯闪烁效果分析，了解灯闪烁(亮、灭)的工作原理，掌握最简单C程序实现方法，通过对C语言编程学习，实现指示灯的亮灭控制、闪烁控制及闪烁快慢控制。

任务一　LED灯点亮

一、任务要求

用C语言编程实现任意一个或多个指示灯(后文简称LED)亮或灭，并在Keil软件中输入、编译与调试，通过51仿真器在硬件实验箱中运行(如果学习者没有硬件运行平台，可以使用proteus软件仿真运行)，实现预定效果。本任务在教学条件允许下，可以无限延伸和拓展。

二、具体实现

【例3.1】 编程实现一个LED灯亮(输入法切换到英文输入法)。

```
#include <reg52.h>                 //系统头文件,包含用户可用的多个函数【预处理】
sbit LED1 = P3^0;                  //定义特殊功能寄存器的位变量
```

```
void main(void)                  //main是函数的名称,表示"主函数"。【main函数】
{                                //main主函数体的开始。任何一个函数都有"{}"
    LED1 = 0;                    //点亮第一个指示灯
    While (1);
}                                //mian主函数体的结束。任何一个函数都有"{}"
```

程序说明:

C程序由一个或多个文件组成,而一个文件可由一个或多个函数组成。C程序必须有一个函数名为main的函数,且只能有一个main函数。程序运行时从main函数开始,最后回到main函数,子程序基本结构如表3-1所示。

从例3.1可以看出:C函数由语句构成,语句结束符用“;”表示,但main()、#include不是语句,后面不能用“;”。语句由关键字、标识符、运算符和表达式构成。其中“{”和“}”分别表示函数执行的起点和终点或程序块的起点与终点。

“//”后面的语句为注释语句,也可以写在“/*”及“*/”内。

C程序中书写格式自由,一行内可以写几个语句,但区分大小写字母。用C语言写成的主函数结构如下。

表3-1　子程序基本结构

<table>
<tr><td colspan="2">文件预处理</td></tr>
<tr><td colspan="2">main(形式参数申明)</td></tr>
<tr><td rowspan="2">函数体</td><td>数据申明部分</td></tr>
<tr><td>语句部分</td></tr>
</table>

#include ＜reg52.h＞: include称为文件包含命令,扩展名为.h的文件称为头文件。其意义是把尖括号＜＞或引号" "内指定的文件包含到本程序来,成为本程序的一部分。被包含的文件通常是由系统提供的,其扩展名为.h。因此也称为头文件或首部文件。C语言的头文件中包括了各个标准库函数的函数原型。因此,凡是在程序中调用一个库函数时,都必须包含该函数原型所在的头文件。其头文件为reg52.h文件,因此在程序的主函数前用include命令包含了reg52.h。

void main():main()表示主函数,每一个C源程序都必须有,且只能有一个主函数(main函数)。void(“空”的意思)表示此函数是空类型,即执行此函数后不产生一个函数值(有的函数在执行后会得到一个函数值,例如正弦函数sin(x))。

sbit为关键字,定义特殊功能寄存器的位变量。在C语言里,如果直接写P3.0,C编译器并不能识别,而且P3.0也不是一个合法的C语言变量名,所以得给它另起一个名字,这里起的名为LED1,建立联系,这里使用了Keil C的关键字sbit来定义。

LED1=0表示点亮P3.0连接的LED灯,LED1=1表示熄灭P3.0连接的LED灯,依次类推。

【例3.2】 编程实现一个LED灯灭(输入法切换到英文输入法)。

```
#include <reg52.h>               //系统头文件,包含用户可用的多个函数【预处理】
```

```
sbit LED1 = P3^0;                   //定义特殊功能寄存器的位变量
void main(void)                     //main是函数的名称,表示"主函数"。【main函数】
{                                   //main主函数体的开始。任何一个函数都有"{}"
    LED1 = 1;                       //熄灭第一个指示灯
}                                   //mian主函数体的结束。任何一个函数都有"{}"
```

程序说明:

LED1=1 表示熄灭 P3.0 连接的 LED 灯,LED2=1 表示熄灭某个指示灯,依次类推。

【例 3.3】 编程实现任意一个 LED 灯亮(输入法切换到英文输入法)。

```
#include <reg52.h>                  //系统头文件,包含用户可用的多个函数【预处理】
sbit LED2 = P3^1;                   //定义特殊功能寄存器的位变量
void main(void)                     //main是函数的名称,表示"主函数"。【main函数】
{                                   //main主函数体的开始。任何一个函数都有"{}"
    LED2 = 0;                       //第二个指示灯亮
}                                   //mian主函数体的结束。任何一个函数都有"{}"
```

【训练】请编程实现其他 LED 灯亮或灭效果。

【例 3.4】 编程实现两个 LED 灯亮实现(输入法切换到英文输入法)。

```
#include <reg52.h>                  //系统头文件,包含用户可用的多个函数【预处理】
sbit LED3 = P3^2;                   //定义特殊功能寄存器的位变量
sbit LED4 = P3^3;
void main(void)                     //main是函数的名称,表示"主函数"。【main函数】
{                                   //main主函数体的开始。任何一个函数都有"{}"
    LED3 = 0;                       //第三个指示灯亮
    LED4 = 0;
}                                   //mian主函数体的结束。任何一个函数都有"{}"
```

【训练】请编程实现任意多盏 LED 灯亮或灭效果。

【例 3.5】 实现八个 LED 灯同时亮(输入法切换到英文输入法)。

```
#include <reg52.h>                  //系统头文件,包含用户可用的多个函数【预处理】
sbit LED1 = P3^0;                   //定义特殊功能寄存器的位变量
sbit LED2 = P3^1;
sbit LED3 = P3^2;                   //定义特殊功能寄存器的位变量
sbit LED4 = P3^3;
sbit LED5 = P3^4;                   //定义特殊功能寄存器的位变量
sbit LED6 = P3^5;
sbit LED7 = P3^6;                   //定义特殊功能寄存器的位变量
sbit LED8 = P3^7;
void main(void)                     //main是函数的名称,表示"主函数"。【main函数】
{                                   //main主函数体的开始。任何一个函数都有"{}"
```

```
    LED1 = 0;                  //第一个指示灯亮
    LED2 = 0;
    LED3 = 0;                  //第三个指示灯亮
    LED4 = 0;
    LED5 = 0;                  //第五个指示灯亮
    LED6 = 0;
    LED7 = 0;                  //第七个指示灯亮
    LED8 = 0;
}                              //mian主函数体的结束。任何一个函数都有"{}"
```

【例 3.6】 八个 LED 灯灭实现(输入法切换到英文输入法)。

```
#include <reg52.h>             //系统头文件,包含用户可用的多个函数【预处理】
sbit LED1 = P3^0;              //定义特殊功能寄存器的位变量
sbit LED2 = P3^1;
sbit LED3 = P3^2;              //定义特殊功能寄存器的位变量
sbit LED4 = P3^3;
sbit LED5 = P3^4;              //定义特殊功能寄存器的位变量
sbit LED6 = P3^5;
sbit LED7 = P3^6;              //定义特殊功能寄存器的位变量
sbit LED8 = P3^7;
void main(void)                //main是函数的名称,表示"主函数"。【main函数】
{                              //main主函数体的开始。任何一个函数都有"{}"
    LED1 = 1;                  //第一个指示灯灭
    LED2 = 1;
    LED3 = 1;                  //第三个指示灯灭
    LED4 = 1;
    LED5 = 1;                  //第五个指示灯灭
    LED6 = 1;
    LED7 = 1;                  //第七个指示灯灭
    LED8 = 1;
}                              //mian主函数体的结束。任何一个函数都有"{}"
```

三、相关知识—程序结构、main 、LED、include、sbit

(一)发光二极管 LED

1. 概念

发光二极管通常称为 LED,它们虽然名不见经传,却是电子世界中真正的英雄。它们能完成多种不同的工作,并且在各种设备中都能找到它们的身影。LED 用途广泛,例如它们可以组成电子钟表表盘上的数字,从遥控器传输信息,为手表表盘照明并在设备开启时向您发出提示。如果将它们集结在一起,可以组成超大电视屏幕上的图像,或是用于点亮交通信号灯。

LED由镓(Ga)与砷(AS)、磷(P)的化合物制成的二极管,当电子与空穴复合时能辐射出可见光,因而可以用来制成发光二极管。在电路及仪器中作为指示灯,或者组成文字或数字显示。磷砷化镓二极管发红光,磷化镓二极管发绿光,碳化硅二极管发黄光。

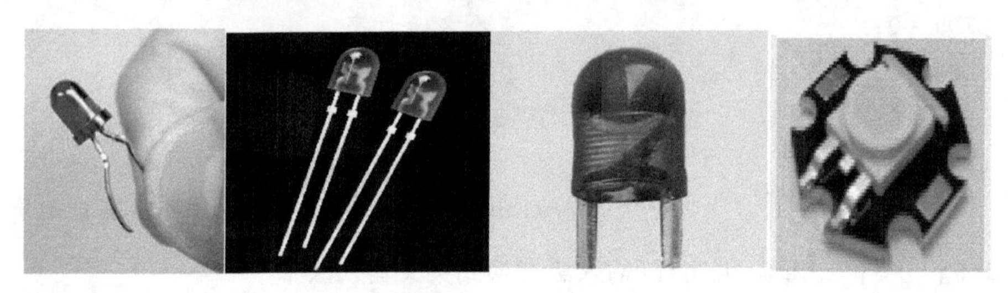

图3-1 LED实物图

LED(Light Emitting Diode)是一种固态的半导体器件,它可以直接把电转化为光,如图3-1所示。半导体晶片由两部分组成,一部分是P型半导体,在它里面空穴占主导地位,另一端是N型半导体,在这边主要是电子。但这两种半导体连接起来的时候,它们之间就形成一个PN结。当电流通过导线作用于这个晶片的时候,电子就会被推向P区,在P区里电子跟空穴复合,然后就会以光子的形式发出能量,这就是LED发光的原理。而光的波长也就是光的颜色,是由形成PN结的材料决定的。

2. 发光二极管的正负极辨别

发光二极管引脚分正负级,如图3-2所示。正负极识别一般有三种方法:

1)看引脚长短。发光二极管长脚为正,短脚为负。

2)看LED灯的大小头。如果两个引脚一样长,则发光二极管里面的大点是负极,小的是正极。有的发光二极管带有一个小平面,靠近小平面的一根引线为负极。

3)用万用表测量。

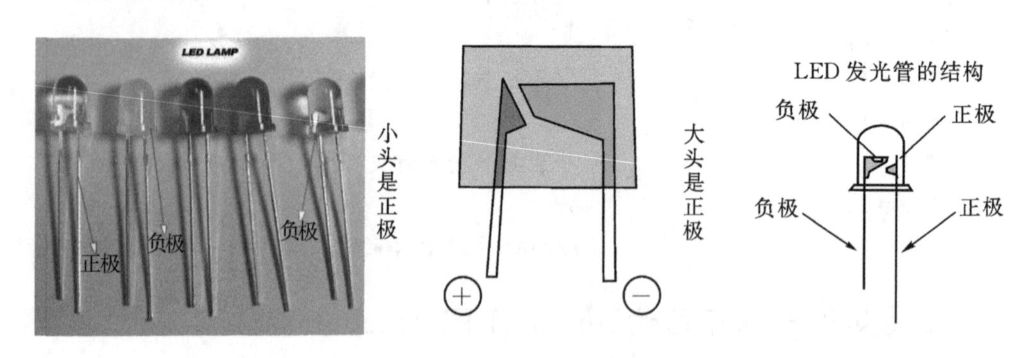

图3-2 LED正负识别图

3. LED灯亮灭原理

由上面可知,要使LED能发光,只要在LED两端加上一定的工作电压即可,在LED灯正极加正向电压(比如:VCC),在LED灯负极加负向电压(比如:地)。查阅LED(发光二极管)资料发现,其工作电压在如下表3-2所示。

表 3-2　发光二极管工作电压(LED)

名称	电压	电流	尺寸
白光发光二极管	3.1～3.4V	5mA～21mA	引脚:>20mm;直径:5mm
高亮三色七彩慢闪	3.0～3.8V	5mA～20mA	引脚:>20mm;直径:5mm
白发红光发光二极管	1.7～2.4V	5mA～16mA	引脚:>20mm;直径:5mm
蓝光发光二极管	3.1～3.6V	5mA～17.5mA	引脚:>20mm;直径:5mm
白发紫光发光二极管	3.4～3.6V	5mA～21mA	引脚:>20mm;直径:5mm
绿发绿光发光二极管	1.9～2.5V	4mA～14mA	引脚:>20mm;直径:5mm
白发黄光发光二极管	2.6～2.85V	13～18mA	引脚:>20mm;直径:5mm
发翠绿色发光二极管	2.5～3.2V	5mA～18mA	引脚:>20mm;直径:5mm

假定供电电源为5V,为使LED灯发亮,必须串联一个电阻,如图3-3所示。

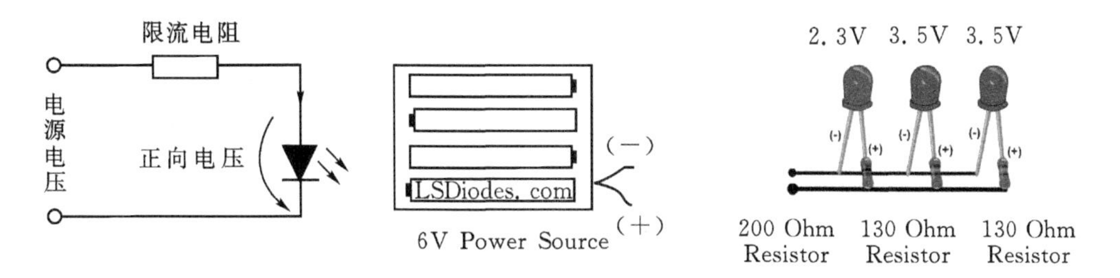

图 3-3　LED工作电路图

(二)C程序基本结构

和其他高级语言一样,C语言的语句用来向计算机系统发出操作指令。一个实际的程序应当包含若干语句,C语句都是用来完成一定操作任务的。一个函数包含声明部分和执行部分,执行部分是由语句组成的。C程序结构可以用图3-4表示。即一个C程序可以由若干个源程序文件(分别进行编译的文件模块)组成,一个源文件可以由若干个函数和预处理命令以及全局变量声明部分组成(关于“全局变量”见项目八),一个函数由数据声明部分和执行语句组成。

程序应该包括数据描述(由声明部分来实现)和数据操作(由语句来实现)。数据描述包括定义数据结构和在需要时对数据赋予初值。数据操作的任务是对已提供的数据进行加工。C语句可分为以下五类:1. 表达式语句;2. 函数调用语句;3. 控制语句;4. 复合语句;5. 空语句。

1. 表达式语句

表达式语句由一个表达式加一个分号构成,最典型的是,由赋值表达式构成一个赋值语句。例如:

```
a = 3
```

是一个赋值表达式，而

```
a=3;
```

是一个赋值语句。

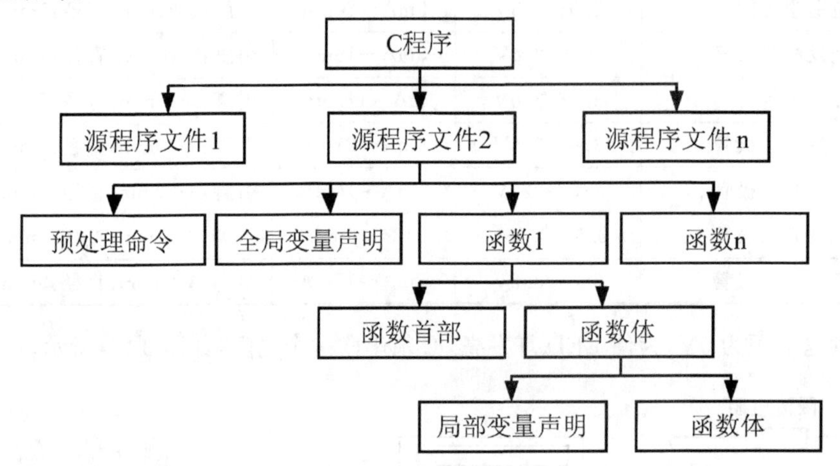

图3-4　C程序结构

可以看到一个表达式的最后加一个分号就成了一个语句。一个语句必须在最后出现分号，分号是语句中不可缺少的组成部分，而不是两个语句间的分隔符号。

例如：

```
i=i+1(是表达式，不是语句)
i=i+1;(是语句)
```

任何表达式都可以加上分号而成为语句，例如：

```
i++;
```

是一个语句，作用是使i值加1。又例如：

```
x+y;
```

也是一个语句，作用是完成x+y的操作，它是合法的，但是并不把x+y的和赋给另一变量，所以它并无实际意义。

表达式能构成语句是C语言的一个重要特色。其实"函数调用语句"也是属于表达式语句，因为函数调用(如sin(x))也属于表达式的一种。只是为了便于理解和使用，才把"函数调用语句"和"表达式语句"分开来说明。由于C程序中大多数语句是表达式语句(包括函数调用语句)，所以有人把C语言称做"表达式语言"。

2. 函数调用语句

由函数名、实际参数加上分号";"组成。其一般形式为：

```
函数名(实际参数表);
```

执行函数语句就是调用函数体并把实际参数赋予函数定义中的形式参数，然后执行被调函数体中的语句，求取函数值(在后面函数中再详细介绍)。

3. 控制语句

控制语句用于控制程序的流程，以实现程序的各种结构方式。它们由特定的语句定义符组成。C 语言有九种控制语句，可分成以下三类：

1)条件判断语句：if 语句、switch 语句。

2)循环执行语句：do while 语句、while 语句、for 语句。

3)转向语句：break 语句、goto 语句、continue 语句、return 语句。

4. 复合语句

把多个语句用括号{}括起来组成的一个语句称复合语句。在程序中应把复合语句看成是单条语句，而不是多条语句。例如：

```
{
  x = y + z;
  a = b + c;
}
```

是一条复合语句。复合语句内的各条语句都必须以分号“;”结尾，在括号“}”外不能加分号。

5. 空语句

只有分号“;”组成的语句称为空语句。空语句是什么也不执行的语句。在程序中空语句可用来作空循环体。

(三)赋值语句

赋值语句是由赋值表达式再加上分号构成的表达式语句。其一般形式为：

```
变量 = 表达式;
```

赋值语句的功能和特点都与赋值表达式相同。它是程序中使用最多的语句之一。在赋值语句的使用中需要注意以下几点：

(1)由于在赋值符“＝”右边的表达式也可以又是一个赋值表达式，因此，下述形式：

```
变量 =(变量 = 表达式);
```

是成立的，从而形成嵌套的情形。其展开之后的一般形式为：

```
变量 = 变量 = … = 表达式;
```

例如：

```
a = b = c = d = e = 5;
```

按照赋值运算符的右接合性，因此实际上等效于：

```
e = 5;
d = e;
c = d;
b = c;
```

```
a = b;
```

(2)注意在变量说明中给变量赋初值和赋值语句的区别。

给变量赋初值是变量说明的一部分,赋初值后的变量与其后的其他同类变量之间仍必须用逗号间隔,而赋值语句则必须用分号结尾。例如:

```
int a = 5,b,c;
```

(3)在变量说明中,不允许连续给多个变量赋初值。如下述说明是错误的:

```
int a = b = c = 5
```

必须写为:

```
int a = 5,b = 5,c = 5;
```

而赋值语句允许连续赋值。

(4)注意赋值表达式和赋值语句的区别。

赋值表达式是一种表达式,它可以出现在任何允许表达式出现的地方,而赋值语句则不能。下述语句是合法的:

```
if((x = y + 5)>0) z = x;
```

语句的功能是,若表达式 x=y+5 大于 0 则 z=x。下述语句是非法的:

```
if((x = y + 5;)>0) z = x;
```

因为 x=y+5;是语句,不能出现在表达式中。

(四)预处理命令(include)

ANSI C 标准规定可以在 C 源程序中加入一些“预处理命令”(preprocessor direc-tives),以改进程序设计环境,提高编程效率。这些预处理命令是由 ANSI C 统一规定的,但是它不是 C 语言本身的组成部分,不能直接对它们进行编译(因为编译程序不能识别它们)。必须在对程序进行通常的编译(包括词法和语法分析、代码生成、优化等)之前,先对程序中这些特殊的命令进行“预处理”,即根据预处理命令对程序作相应的处理(例如,若程序中用#define命令定义了一个符号常量 A,则在预处理时将程序中所有的 A 都置换为指定的字符串。若程序中用# include 命令包含一个文件“stdio. h”,则在预处理时将 stdio. h 文件中的实际内容代替该命令)。

经过预处理后的程序不再包括预处理命令了,最后再由编译程序对预处理后的源程序进行通常的编译处理,得到可供执行的目标代码。现在使用的许多 C 编译系统都包括了预处理、编译和连接等部分,在进行编译时一气呵成。因此不少用户误认为预处理命令是 C 语言的一部分,甚至以为它们是 C 语句,这是错误的。必须正确区别预处理命令和 C 语句,区别预处理和编译,才能正确使用预处理命令。C 语言与其他高级语言的一个重要区别是可以使用预处理命令和具有预处理的功能。

C 提供的预处理功能主要有以下 3 种:(1)文件包含 include;(2)宏定义 define;(3)条件编译。分别用宏定义命令、文件包含命令、条件编译命令来实现。为了与一般 C 语句相区别,这些命令以符号“#”开头。先讲解文件包含 include 指令，其余指令后面再讲。

文件包含是 C 预处理程序的另一个重要功能。文件包含命令行的一般形式为：

```
#include"文件名"
```

在前面我们已多次用此命令包含过库函数的头文件。例如：

```
#include "stdio.h"
#include "math.h"
#include <vegs2.h>
```

文件包含命令的功能是把指定的文件插入该命令行位置取代该命令行，从而把指定的文件和当前的源程序文件连成一个源文件。

在程序设计中，文件包含是很有用的。一个大的程序可以分为多个模块，由多个程序员分别编程。有些公用的符号常量或宏定义等可单独组成一个文件，在其他文件的开头用包含命令包含该文件即可使用。这样，可避免在每个文件开头都去书写那些公用量，从而节省时间，并减少出错。

对文件包含命令还要说明以下几点：

(1)包含命令中的文件名可以用双引号括起来，也可以用尖括号括起来。例如以下写法都是允许的：

```
#include"stdio.h"
#include<math.h>
#include<veg52.h>
```

但是这两种形式是有区别的：使用尖括号表示在包含文件目录中去查找(包含目录是由用户在设置环境时设置的)，而不在源文件目录去查找；

使用双引号则表示首先在当前的源文件目录中查找，若未找到才到包含目录中去查找。用户编程时可根据自己文件所在的目录来选择某一种命令形式。

(2)一个 include 命令只能指定一个被包含文件，若有多个文件要包含，则需用多个include 命令。

(3)文件包含允许嵌套，即在一个被包含的文件中又可以包含另一个文件。

(五)关键字 sbit

1. 概况

定义特殊功能寄存器的位变量。bit 和 sbit 都是 C51 扩展的变量类型。典型应用是：

```
sbit P0_0 = P0^0;          //即定义 P0_0 为 P0 口的第 1 位，以便进行位操作
```

2. 用法

在 C 语言里，如果直接写 P1.0，C 编译器并不能识别，而且 P1.0 也不是一个合法的 C 语言变量名，所以得给它另起一个名字，这里起的名为 P1_0，可是 P1_0 是不是就是 P1.0 呢？必须给它们建立联系，这里使用了 Keil C 的关键字 sbit 来定义，sbit 的用法有三种：

第一种方法：sbit 位变量名＝地址值；

第二种方法:sbit 位变量名=SFR 名称^变量位地址值;

第三种方法:sbit 位变量名=SFR 地址值^变量位地址值。

如定义 PSW 中的 OV 可以用以下三种方法:

```
sbit OV = 0xd2          (1)说明:0xd2 是 OV 的位地址值;
sbit OV = PSW^2         (2)说明:其中 PSW 必须先用 sfr 定义好;
sbit OV = 0xD0^2        (3)说明:0xD0 就是 PSW 的地址值。
```

因此这里用 sbit P1_0=P1^0;就是定义用符号 P1_0 来表示 P1.0 引脚,如果你愿意也可以起 P10 一类的名字,只要下面程序中也随之更改就行了。

3. 名词区别

sbit 要在最外面定义,就是说必须定义成外部变量. sbit 定义的是 SFR(特殊功能寄存器)的 bit;

sbit 更像是类型定义,不像是变量定义。

sbit:只是说明性说明

bit 可以在外部或内部定义。

sbit 是对应可位寻址空间的一个位,可位寻址区:20H~2FH。一旦用了 sbit xxx = REGE^6 这样的定义,这个 sbit 量就确定地址了。sbit 大部分是用在寄存器中的,方便对寄存器的某位进行操作的。sbit 位寄存器是可位寻址的绝对地址目标,定义后编译器是不会改变位置的。

(六)小结

1)预处理功能是C语言特有的功能,它是在对源程序正式编译前由预处理程序完成的。程序员在程序中用预处理命令来调用这些功能。

2)宏定义是用一个标识符来表示一个字符串,这个字符串可以是常量、变量或表达式。在宏调用中将用该字符串代换宏名。

3)宏定义可以带有参数,宏调用时是以实参代换形参。而不是"值传送"。

为了避免宏代换时发生错误,宏定义中的字符串应加括号,字符串中出现的形式参数两边也应加括号。

4)文件包含是预处理的一个重要功能,它可用来把多个源文件连接成一个源文件进行编译,结果将生成一个目标文件。

5)使用预处理功能便于程序的修改、阅读、移植和调试,也便于实现模块化程序设计。

四、能力拓展

【训练】 利用所学知识,编写完整的基本程序实现任意盏灯的亮灭效果,效果可以任意想象。熟练最基本C语言程序的结构。

【训练】 利用所学知识,编写完整的基本程序实现任意盏灯的亮灭效果,效果可以任意想象。熟练最基本C语言程序的结构。

【例 3.7】 编程实现奇数灯亮或者偶数灯亮。

```
#include <reg52.h>            //系统头文件,包含用户可用的多个函数【预处理】
```

```
sbit LED1 = P3^0;                    //定义特殊功能寄存器的位变量
sbit LED2 = P3^1;
sbit LED3 = P3^2;                    //定义特殊功能寄存器的位变量
sbit LED4 = P3^3;
sbit LED5 = P3^4;                    //定义特殊功能寄存器的位变量
sbit LED6 = P3^5;
sbit LED7 = P3^6;                    //定义特殊功能寄存器的位变量
sbit LED8 = P3^7;
void main()                          //main 是函数的名称,表示"主函数"。【main 函数】
{                                    //main 主函数体的开始。任何一个函数都有"{}"
    LED1 = 0;                        //第一个指示灯灭
    LED2 = 1;
    LED3 = 0;                        //第三个指示灯灭
    LED4 = 1;
    LED5 = 0;                        //第五个指示灯灭
    LED6 = 1;
    LED7 = 0;                        //第七个指示灯灭
    LED8 = 1;
}                                    //mian 主函数体的结束。任何一个函数都有"{}"
```

【例 3.8】 编程实现奇数灯亮或者偶数灯亮。

```
#include<reg52.h>
#define LED_ALL P3
void main(void)
{
    LED_ALL = 0x55;
}
```

任务二　指示灯设计

一、任务要求

用 C 语言编程实现指示灯效果,并在 Keil 软件中输入、编译,在硬件电路中运行演示(无条件的可以在 proteus 软件中仿真调试),实现效果。如果教学条件允许,可以无限延伸和扩展。

二、具体实现

【例 3.9】 编程实现一个 LED 灯亮灭一次效果。

```
#include <reg52.h>                   //系统头文件,包含用户可用的多个函数
```

```
sbit LED1 = P3^0;
void delayms(void)
{
    unsigned char x = 0;
    unsigned char i;
    while(x<250)
    {
      i = 0;
      while(i<250)
      {
        i = i + 1;
      }
      x = x - 1;
    }
}
void main(void)                  //main 是函数的名称,表示“主函数”。
{                                // main 主函数体的开始。任何一个函数都有“{}”
    LED1 = 0;                    //语句指令,点亮第一个指示灯
    delayms();                   //延时函数,表示延时一定的时间
    LED1 = 1;                    //语句指令,熄灭第一个指示灯
    delayms();                   //延时函数,表示延时一定的时间
}                                // main 主函数体的结束。任何一个函数都有“{}”
```

程序说明:

delayms():一个子函数,在这里调用该函数,该函数为用户自定义,供其他编程用户使用,其作用是延时,即执行该指令后,要等待(消耗)一定时间,再执行下一条语句。

【思考】:

1)想一想指示灯效果怎样?

2)为什么需要延时? 去掉可以吗?

3)延时时间长短如何修改?

4)为什么效果是闪烁?

【例 3.10】 编写程序实现两个 LED 灯同时亮灭一次。

```
#include <reg52.h>              //系统头文件,包含用户可用的多个函数
sbit LED6 = P3^5;
sbit LED7 = P3^6;
void delayms(void)
{
    unsigned char x = 0;
    unsigned char i;
```

```
    while(x<250)
    {
      i = 0;
      while(i<250)
      {
        i = i + 1;
      }
      x = x - 1;
    }
}
void main(void)               //main 是函数的名称,主函数"。【main 函数】
{                             // main 主函数体的开始。任何一个函数都有"{}"
    LED6 = 0;                 //点亮第 1 个指示灯
    LED7 = 0;                 //点亮第 2 个指示灯
    delayms();
    LED6 = 1;                 //点亮第 1 个指示灯
    LED7 = 1;                 //点亮第 2 个指示灯
    delayms();
}                             // mian 主函数体的结束。任何一个函数都有"{}"
```

【训练】编程实现任意盏灯的亮灭效果。

【例 3.11】 编程实现八个 LED 灯亮灭 1 次。

```
#include <reg52.h>            //系统头文件,包含用户可用的多个函数
#define LED_ALL P3
void delayms(void)
{
    unsigned char x = 0;
    unsigned char i;
    while(x<250)
    {
      i = 0;
      while(i<250)
      {
        i = i + 1;
      }
      x = x + 1;
    }
}
void main(void)
```

```
{
    LED_ALL = 0x00;
    delayms();
    LED_ALL = 0xff;
    delayms();
}
```

【例 3.12】 编程实现八个 LED 灯亮灭 2 次。

```
#include <reg52.h>          //系统头文件,包含用户可用的多个函数
#define LED_ALL P3
void delayms(void)
{
    unsigned char x = 0;
    unsigned char i;
    while(x<250)
    {
      i = 0;
      while(i<250)
      {
        i = i + 1;
      }
      x = x + 1;
    }
}
void main(void)             //main 是函数的名称,表示"主函数"。
{                           // main 主函数体的开始。任何一个函数都有"{}"
    LED_ALL = 0x00;
    delayms();
    LED_ALL = 0xff;
    delayms();
    LED_ALL = 0x00;
    delayms();
    LED_ALL = 0xff;
    delayms();
}
```

【例 3.13】 编程实现任意 LED 灯任意点亮。

```
#include <reg52.h>          //系统头文件,包含用户可用的多个函数
#define LED_ALL P3
void delayms(void)
```

```
{
    unsigned char x = 0;
    unsigned char i;
    while(x<250)
    {
      i = 0;
      while(i<250)
      {
        i = i + 1;
      }
      x = x + 1;
    }
}
void main(void)                  //main 是函数的名称,表示"主函数"。
{                                // main 主函数体的开始。任何一个函数都有"{}"
    LED_ALL = 0x55;
    delayms();
    LED_ALL = 0xff;
    delayms();
    LED_ALL = 0xcc;
    delayms();
    LED_ALL = 0xff;
    delayms();
}
```

【训练】编程实现任意盏 LED 灯闪烁效果。

【思考】:

1. 如何实现 LED 灯闪烁多次,比如 5 次、10 次等?
2. 如何实现 LED 灯一直亮灭?

三、相关知识—顺序结构、define、运算符、进制数、while

(一)顺序结构

顺序结构是最简单、最常用的程序结构,只要按照解决问题的顺序写出相应的语句就行,它的执行顺序是自上而下,依次执行。

例如,a = 3,b = 5,现交换 a,b 的值,这个问题就好像交换两个杯子水,这当然要用到第三个杯子,假如第三个杯子是 c,那么正确的程序为:c = a; a = b; b = c; 执行结果是 a = 5,b = c = 3如果改变其顺序,写成:a = b; c = a; b = c; 则执行结果就变成 a = b = c = 5,不能达到预期的目的,初学者最容易犯这种错误。

顺序结构可以独立使用构成一个简单的完整程序,常见的输入、计算,输出三部曲的程序就是顺序结构,例如计算圆的面积,其程序的语句顺序就是输入圆的半径 r,计算 s = 3.14159 * r * r,输出圆的面积 s。不过大多数情况下顺序结构都是作为程序的一部分,与其他结构一起构成一个复杂的程序,例如分支结构中的复合语句、循环结构中的循环体等。

(二)赋值运算符及表达式

1. 赋值运算符

简单赋值运算符和表达式:简单赋值运算符记为“=”。由“= ”连接的式子称为赋值表达式。其一般形式为:

变量=表达式

例如:

```
x=a+b;
w=sin(a)+sin(b);
y=i+++
--j;
```

赋值表达式的功能是计算表达式的值再赋予左边的变量。赋值运算符具有右结合性。因此

```
a=b=c=5
```

可理解为

```
a=(b=(c=5))
```

在其他高级语言中,赋值构成了一个语句,称为赋值语句。而在C中,把“=”定义为运算符,从而组成赋值表达式。凡是表达式可以出现的地方均可出现赋值表达式。如式:x=(a=5)+(b=8)是合法的。它的意义是把5赋予a,8赋予b,再把a,b相加,和赋予x,故x应等于13。

在C语言中也可以组成赋值语句,按照C语言规定,任何表达式在其未尾加上分号就构成为语句。因此

```
x=8;a=b=c=5;
```

都是赋值语句。

2. 类型转换

如果赋值运算符两边的数据类型不相同,系统将自动进行类型转换,即把赋值号右边的类型换成左边的类型。具体规定如下:

1)实型赋予整型,舍去小数部分。前面的例子已经说明了这种情况。

2)整型赋予实型,数值不变,但将以浮点形式存放,即增加小数部分(小数部分的值为0)。

3)字符型赋予整型,由于字符型为一个字节,而整型为二个字节,故将字符的ASCII码值放到整型量的低八位中,高八位为0。整型赋予字符型,只把低八位赋予字符量。

【例3.14】 赋值运算中类型转换。

```
main()
{
    int a,b = 322;
    float x,y = 8.88;
    char c1 = 'k',c2;
    a = y;
    x = b;
    a = c1;
    c2 = b;
}
```

本例表明了上述赋值运算中类型转换的规则。a 为整型，赋予实型量 y 值 8.88 后只取整数 8。x 为实型，赋予整型量 b 值 322，后增加了小数部分。字符型量 c1 赋予 a 变为整型，整型量 b 赋予 c2 后取其低八位成为字符型(b 的低八位为 01000010，即十进制 66，按 ASCII 码对应于字符 B)。

3. 复合的赋值运算符

在赋值符"="之前加上其他二目运算符可构成复合赋值符。如+=，-=，*=，/=，%=，<<=，>>=，&=，^=，|=。构成复合赋值表达式的一般形式为：

变量 双目运算符 = 表达式

它等效于

变量 = 变量 运算符 表达式

例如：

```
a + = 5          等价于 a = a + 5
x * = y + 7      等价于 x = x * (y + 7)
r % = p          等价于 r = r % p
```

复合赋值符这种写法，对初学者可能不习惯，但十分有利于编译处理，能提高编译效率并产生质量较高的目标代码。

4. 赋值表达式

由赋值运算符将一个变量和一个表达式连接起来的式子称为"赋值表达式"。它的一般形式为：

变量 赋值运算符 表达式

如"a=5"是一个赋值表达式。对赋值表达式求解的过程是：先求赋值运算符右侧的"表达式"的值，然后赋给赋值运算符左侧的变量。一个表达式应该有一个值，例如，赋值表达式"a=3 * 5"的值为 15，执行表达式后，变量 a 的值也是 15。赋值运算符左侧的标识符称为"左值"(left value，简写为 lvalue)。并不是任何对象都可以作为左值的，变量可以作为左值，而表达式 a+b 就不能作为左值，常变量也不能作为左值，因为常变量不能被赋值。出现在赋值运算符右侧的表达式称为“右值”(right value,简写为 rvalue)。显然左值也可以出现在赋值运算符右侧,因而凡是左值都可以作为右值。例如:

```
int a = 3,b,c;
b = a;                  /*b是左值*/
c = b;                  /*b也是右值*/
```

(三)预处理命令(define)

1. 宏定义

在C语言源程序中允许用一个标识符来表示一个字符串,称为“宏”。被定义为“宏”的标识符称为“宏名”。在编译预处理时,对程序中所有出现的“宏名”,都用宏定义中的字符串去代换,这称为“宏代换”或“宏展开”。

宏定义是由源程序中的宏定义命令完成的。宏代换是由预处理程序自动完成的。在C语言中,“宏”分为有参数和无参数两种。下面分别讨论这两种“宏”的定义和调用。

(1)不带参数的宏定义(简称无参宏)

无参宏的宏名后不带参数。其定义的一般形式为:

```
#define 标识符 字符串
```

其中的“#”表示这是一条预处理命令。“define”为宏定义命令。“标识符”为所定义的宏名。“字符串”可以是常数、表达式、格式串等。

在前面介绍过的符号常量的定义就是一种无参宏定义。此外,常对程序中反复使用的表达式进行宏定义。例如:

```
#define M (y*y+3*y)
```

它的作用是指定标识符M来代替表达式(y * y+3 * y)。在编写源程序时,所有的(y * y+3 * y)都可由M代替,而对源程序作编译时,将先由预处理程序进行宏代换,即用(y * y+3 * y)表达式去置换所有的宏名M,然后再进行编译。

【例3.15】 宏定义示例。

```
#define M (y*y+3*y)
main()
{
    int s,y;
    s = 3*M+4*M+5*M;
}
```

上例程序中首先进行宏定义,定义M来替代表达式(y * y+3 * y),在s=3 * M+4 * M+5 * M中作了宏调用。在预处理时经宏展开后该语句变为:

```
s = 3*(y*y+3*y)+4*(y*y+3*y)+5*(y*y+3*y);
```

但要注意的是,在宏定义中表达式(y * y+3 * y)两边的括号不能少。否则会发生错误。

如当作以下定义后：

```
#difine M y*y+3*y
```

在宏展开时将得到下述语句：

```
s=3*y*y+3*y+4*y*y+3*y+5*y*y+3*y;
```

这相当于：

$3y^2+3y+4y^2+3y+5y^2+3y$;

显然与原题意要求不符。计算结果当然是错误的。因此在作宏定义时必须十分注意。应保证在宏代换之后不发生错误。

对于宏定义还要说明以下几点：

1)宏定义是用宏名来表示一个字符串，在宏展开时又以该字符串取代宏名，这只是一种简单的代换，字符串中可以含任何字符，可以是常数，也可以是表达式，预处理程序对它不作任何检查。如有错误，只能在编译已被宏展开后的源程序时发现。

2)宏定义不是说明或语句，在行末不必加分号，如加上分号则连分号也一起置换。

3)宏定义必须写在函数之外，其作用域为宏定义命令起到源程序结束。如要终止其作用域可使用# undef 命令。

【例 3.16】 undef 结果示例。

```
#define PI 3.14159
main()
{
  ……
}
#undef PI
f1()
{
  ……
}
```

表示 PI 只在 main 函数中有效，在 f1 中无效。

4)宏名在源程序中若用引号括起来，则预处理程序不对其作宏代换。

【例 3.17】 宏名用引号括起来。

```
#define OK 100
main()
{
}
```

上例中定义宏名 OK 表示 100。

5)宏定义允许嵌套，在宏定义的字符串中可以使用已经定义的宏名。在宏展开时由预处理程序层层代换。例如：

```
#define PI 3.1415926
#define S PI*y*y            /* PI是已定义的宏名*/
```

6)习惯上宏名用大写字母表示,以便于与变量区别。但也允许用小写字母。

7)可用宏定义表示数据类型,使书写方便。例如:

```
#define STU struct stu
```

在程序中可用STU作变量说明:

```
STU body[5],*p;
#define INTEGER int
```

在程序中即可用INTEGER作整型变量说明:

```
INTEGER a,b;
```

应注意用宏定义表示数据类型和用typedef定义数据说明符的区别。

宏定义只是简单的字符串代换,是在预处理完成的,而typedef是在编译时处理的,它不是作简单的代换,而是对类型说明符重新命名。被命名的标识符具有类型定义说明的功能。请看下面的例子:

```
#define PIN1 int *
typedef (int *) PIN2;
```

从形式上看这两者相似,但在实际使用中却不相同。

下面用PIN1,PIN2说明变量时就可以看出它们的区别:

```
PIN1 a,b;在宏代换后变成:
int *a,b;
```

表示a是指向整型的指针变量,而b是整型变量。然而:

```
PIN2 a,b;
```

表示a,b都是指向整型的指针变量。因为PIN2是一个类型说明符。由这个例子可见,宏定义虽然也可表示数据类型,但毕竟是作字符代换。在使用时要分外小心,以避免出错。

8)对"输出格式"作宏定义,可以减少书写麻烦。

(2)带参数的宏定义

C语言允许宏带有参数。在宏定义中的参数称为形式参数,在宏调用中的参数称为实际参数。对带参数的宏,在调用中,不仅要宏展开,而且要用实参去代换形参。

带参宏定义的一般形式为:

```
#define 宏名(形参表) 字符串
```

在字符串中含有各个形参。带参宏调用的一般形式为:

```
宏名(实参表);
```

例如:

```
#define M(y) y*y+3*y              /*宏定义*/
……
k=M(5);                           /*宏调用*/
……
```

在宏调用时,用实参5去代替形参y,经预处理宏展开后的语句为:

```
k=5*5+3*5
```

对于带参的宏定义有以下问题需要说明:

1)带参宏定义中,宏名和形参表之间不能有空格出现。例如把:

```
#define MAX(a,b) (a>b)? a:b
```

写为:

```
#define MAX (a,b) (a>b)? a:b
```

将被认为是无参宏定义,宏名MAX代表字符串(a,b) (a>b)? a:b。宏展开时,宏调用语句:

```
max=MAX(x,y);
```

将变为:

```
max=(a,b)(a>b)? a:b(x,y);
```

这显然是错误的。

2)在带参宏定义中,形式参数不分配内存单元,因此不必作类型定义。而宏调用中的实参有具体的值。要用它们去代换形参,因此必须作类型说明。这是与函数中的情况不同的。在函数中,形参和实参是两个不同的量,各有自己的作用域,调用时要把实参值赋予形参,进行"值传递"。而在带参宏中,只是符号代换,不存在值传递的问题。

3)在宏定义中的形参是标识符,而宏调用中的实参可以是表达式。这与函数的调用是不同的,函数调用时要把实参表达式的值求出来再赋予形参。而宏代换中对实参表达式不作计算直接地照原样代换。

4)在宏定义中,字符串内的形参通常要用括号括起来以避免出错。在上例中的宏定义中(y)*(y)表达式的y都用括号括起来,因此结果是正确的。

5)宏定义也可用来定义多个语句,在宏调用时,把这些语句又代换到源程序内。看下面的例子。

【例3.18】 定义多个语句。

```
#define SSSV(s1,s2,s3,v) s1=l*w;s2=l*h;s3=w*h;v=w*l*h;
main()
{
    int l=3,w=4,h=5,sa,sb,sc,vv;
    SSSV(sa,sb,sc,vv);
}
```

程序第一行为宏定义，用宏名 SSSV 表示 4 个赋值语句，4 个形参分别为 4 个赋值符左部的变量。在宏调用时，把 4 个语句展开并用实参代替形参。使计算结果送入实参之中。

(四)进制数概念

本小节内容已在电子类专业前期课程中讲解过，具体请参考其他教材。

进位制/位置计数法是一种记数方式，故亦称进位记数法/位置计数法，可以用有限的数字符号代表所有的数值。可使用数字符号的数目称为基数(en：radix)或底数，基数为 n，即可称 n 进位制，简称 n 进制。现在最常用的是十进制，通常使用 10 个阿拉伯数字 0～9 进行记数。对于任何一个数，我们可以用不同的进位制来表示。比如：十进数 57(10)，可以用二进制表示为 111001(2)，也可以用八进制表示为 71(8)、用十六进制表示为 39(16)，它们所代表的数值都是一样的。

数制也称计数制，是指用一组固定的符号和统一的规则来表示数值的方法。计算机是信息处理的工具，任何信息必须转换成二进制形式数据后才能由计算机进行处理、存储和传输。人们通常使用的是十进制。它的特点有两个：由 0，1，2…，9 十个基本数字组成，十进制数运算是按"逢十进一"的规则进行的。在计算机中，除了十进制数外，经常使用的数制还有二进制数和十六进制数。在运算中它们分别遵循的是逢二进一和逢十六进一的法则。

1. 二进制

二进制数有两个特点：它由两个基本数字 0，1 组成，二进制数运算规律是逢二进一。为区别于其他进制数，二进制数的书写通常在数的右下方注上基数 2，或在后面加 B 表示。

例如：二进制数 10110011 可以写成$(10110011)_2$，或写成 10110011B，对于十进制数可以不加注。计算机中的数据均采用二进制数表示，这是因为二进制数具有以下特点：

1)二进制数中只有两个字符 0 和 1，表示具有两个不同稳定状态的元器件。例如，电路中有无电流，有电流用 1 表示，无电流用 0 表示。类似的还比如电路中电压的高、低，晶体管的导通和截止等。

2)二进制数运算简单，大大简化了计算中运算部件的结构。

二进制数的加法和乘法运算如下：

0+0=0, 0+1=1+0=1, 1+1=10;

0×0=0, 0×1=0, 1×0=0, 1×1=1;

Dec(十进)	0	1	2	3	4	5	6	7	8	9
Bin(二进)	0000B	0001B	0010B	0011B	0100B	0101B	0110B	0111B	1000B	1001B

2. 十六机制

由于二进制数在使用中位数太长，不容易记忆，所以又提出了十六进制数。十六进制数有两个基本特点：它由十六个字符 0～9 以及 A，B，C，D，E，F 组成(它们分别表示十进制数 10～15)，十六进制数运算规律是逢十六进一，即 R＝16＝2^4，通常在表示时用尾部标志 H 或下标 16 以示区别。

例如：十六进制数 4AC8 可写成(4AC8)16，或写成 4AC8H。

Dec(十进制)	0	1	2	3	4	5	6	7	8	9	10	11	12
Hex(十六进制)	00H	01H	02H	03H	04H	05H	06H	07H	08H	09H	0AH	0BH	0CH

3. 进制转换

(1)二进制数、十六进制数转换为十进制数(按权求和)

二进制数、十六进制数转换为十进制数的规律是相同的。把二进制数(或十六进制数)按位权形式展开多项式和的形式,求其最后的和,就是其对应的十进制数——简称“按权求和”。

例如:

1)把$(1001)_2$转换为十进制数。

解:$(1001)_2$

=8*1+4*0+2*0+1*1

=9

2)把$(38A)_{16}$转换为十进制数。

解:$(38A)_{16}$

=3×16 的 2 次方+8×16 的 1 次方+10×16 的 0 次方

=768+128+10

=906

(2)二进制数与十六进制数之间的转换

由于 4 位二进制数恰好有 16 个组合状态,即 1 位十六进制数与 4 位二进制数是一一对应的。所以,十六进制数与二进制数的转换是十分简单的。

1)十六进制数转换成二进制数,只要将每一位十六进制数用对应的 4 位二进制数替代即可——简称位分四位。

例:将$(4AF8B)_{16}$转换为二进制数。

解:4 A F 8 B

0100 1010 1111 1000 1011

所以$(4AF8B)_{16}=(1001010111110001011)_2$

2)二进制数转换为十六进制数,分别向左,向右每四位一组,依次写出每组 4 位二进制数所对应的十六进制数——简称四位合一位。

例:将二进制数$(000111010110)_2$转换为十六进制数。

解:0001 1101 0110

1 D 6

所以$(111010110)_2=(1D6)_{16}$

转换时注意最后一组不足 4 位时必须加 0 补齐 4 位。

(五)while 语句

循环结构是程序中一种很重要的结构。其特点是,在给定条件成立时,反复执行某程序段,直到条件不成立为止。给定的条件称为循环条件,反复执行的程序段称为循环体。C 语言提供了多种循环语句,可以组成各种不同形式的循环结构。①用 goto 语句和 if 语句构成循环;②用 while 语句;③用 do-while 语句;④用 for 语句。

while 语句的一般形式为:

```
while(表达式)
{
    语句
}
```

其中表达式是循环条件,语句为循环体。

while 语句的语义是:计算表达式的值,当值为真(非 0)时,执行循环体语句。其执行过程可用图 3-5 表示。如用 while 语句求 $\sum_{n=1}^{100} n$ 。

用流程图表示算法,如图 3-6 所示。

```
main(void)
{
    int i,sum = 0;
    i = 1;
    while(i< = 100)
    {
      sum = sum + i;
      i ++ ;
    }
}
```

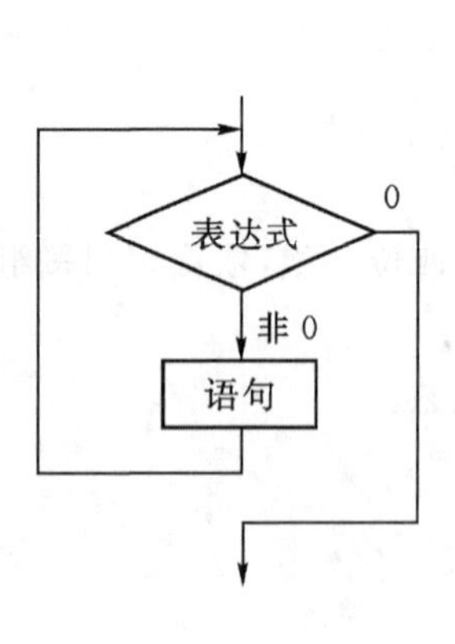

图 3-5　循环结构示意图

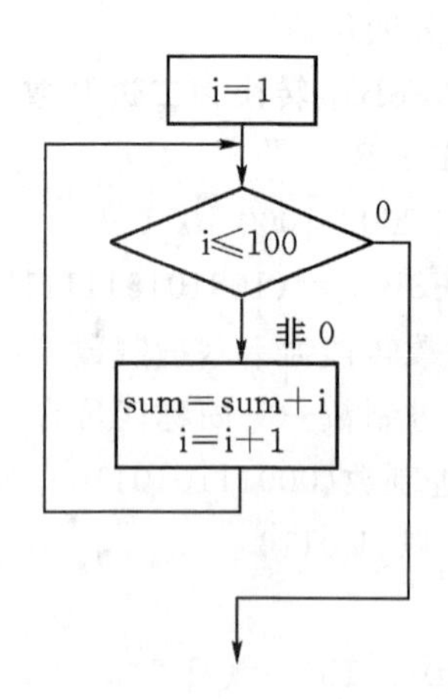

图 3-6　流程图

使用 while 语句应注意以下几点:

1)while 语句中的表达式一般是关系表达或逻辑表达式,只要表达式的值为真(非 0)即可继续循环。

2)循环体如包括有一个以上的语句,则必须用{}括起来,组成复合语句。

四、能力拓展

【例 3.19】 实现两个指示灯同时闪烁一次。

```
#include <reg52.h>                  //系统头文件,包含用户可用的多个函数
sbit LED1 = P3^0;
sbit LED2 = P3^1;
void delayms(void)
{
    unsigned char x = 0;
    unsigned char i;
    while(x<250)
    {
      i = 0;
      while(i<250)
      {
        i = i + 1;
      }
      x = x - 1;
    }
}
void main(void)                     //main 是函数的名称,表示"主函数"。
{                                   // main 主函数体的开始。任何一个函数都有"{}"
    LED1 = 0;                       //语句指令,点亮第一个指示灯
    LED2 = 0;                       //语句指令,点亮第二个指示灯
    delayms();                      //延时函数,表示延时一定的时间
    LED1 = 1;                       //语句指令,熄灭第一个指示灯
    LED2 = 1;                       //语句指令,熄灭第二个指示灯
    delayms();                      //延时函数,表示延时一定的时间
}                                   //main 函数体结束
```

【例 3.20】 方法 1:实现 8 个指示灯一次点亮,每次只有一个灯亮,从左到右或者从右到左。

```
#include<reg52.h>
sbit LED1 = P3^0;
sbit LED2 = P3^1;
sbit LED3 = P3^2;
sbit LED4 = P3^3;
sbit LED5 = P3^4;
sbit LED6 = P3^5;
```

```
sbit LED7 = P3^6;
sbit LED8 = P3^7;
void delayms(void)
{
    unsigned char x = 0,i;
    while(x<250)
    {
        i = 0;
        while(i<250)
        {
            i = i + 1;
        }
        x = x + 1;
    }
}
void main(void)
{
    LED1 = 0;
    delayms();
    LED1 = 1;
LED2 = 0;
delayms();
    LED2 = 1;
LED3 = 0;
delayms();
    LED3 = 1;
LED4 = 0;
delayms();
    LED4 = 1;
LED5 = 0;
delayms();
    LED5 = 1;
LED6 = 0;
delayms();
    LED6 = 1;
LED7 = 0;
delayms();
    LED7 = 1;
LED8 = 0;
delayms();
}
```

【例 3.21】 方法 2:实现 8 个指示灯一次点亮,每次只有一个灯亮,从左到右或者从右到左。

```
#include<reg52.h>
sbit LED1 = P3^0;
sbit LED2 = P3^1;
sbit LED3 = P3^2;
sbit LED4 = P3^3;
sbit LED5 = P3^4;
sbit LED6 = P3^5;
sbit LED7 = P3^6;
sbit LED8 = P3^7;
void delayms(void)
{
    unsigned char x = 0,i;
    while(x<250)
    {
        i = 0;
        while(i<250)
        {
            i = i + 1;
        }
        x = x + 1;
    }
}
void main(void)
{
    LED0 = 0;
    LED1 = 1;
    LED2 = 1;
    LED3 = 1;
    LED4 = 1;
    LED5 = 1;
    LED6 = 1;
    LED7 = 1;
    delayms();
    LED0 = 1;
    LED1 = 0;
    LED2 = 1;
    LED3 = 1;
    LED4 = 1;
```

```
LED5 = 1;
LED6 = 1;
LED7 = 1;
delayms();
LED0 = 1;
LED1 = 1;
LED2 = 0;
LED3 = 1;
LED4 = 1;
LED5 = 1;
LED6 = 1;
LED7 = 1;
delayms();
LED0 = 1;
LED1 = 1;
LED2 = 1;
LED3 = 0;
LED4 = 1;
LED5 = 1;
LED6 = 1;
LED7 = 1;
delayms();
LED0 = 1;
LED1 = 1;
LED2 = 1;
LED3 = 1;
LED4 = 0;
LED5 = 1;
LED6 = 1;
LED7 = 1;
delayms();
LED0 = 1;
LED1 = 1;
LED2 = 1;
LED3 = 1;
LED4 = 1;
LED5 = 0;
LED6 = 1;
LED7 = 1;
delayms();
LED0 = 1;
```

```
    LED1 = 1;
    LED2 = 1;
    LED3 = 1;
    LED4 = 1;
    LED5 = 1;
    LED6 = 0;
    LED7 = 1;
    delayms();
    LED0 = 1;
    LED1 = 1;
    LED2 = 1;
    LED3 = 1;
    LED4 = 1;
    LED5 = 1;
    LED6 = 1;
    LED7 = 0;
    delayms();
}
```

【例 3.22】 方法 3:实现 8 个指示灯一次点亮,每次只有一个灯亮,从左到右或者从右到左。

```
#include<reg52.h>
#define LED_ALL P3
void delayms(void)
{
    unsigned char x = 0,i;
    while(x<250)
    {
        i = 0;
        while(i<250)
        {
            i = i + 1;
        }
        x = x + 1;
    }
}
void main(void)
{
    LED_ALL = 0xfe;
    delayms();
    LED_ALL = 0xfd;
```

```
    delayms();
    LED_ALL = 0xfb;
    delayms();
    LED_ALL = 0xf7;
    delayms();
    LED_ALL = 0xef;
    delayms();
    LED_ALL = 0xdf;
    delayms();
    LED_ALL = 0xbf;
    delayms();
    LED_ALL = 0x7f;
    delayms();
}
```

思考:编程实现灯点亮依次增加,1 盏、2 盏、……、8 盏;自己思考完成。

项目四　警示灯设计与实现

项目目标导读

知识目标

(1)掌握C语言程序设计基本结构及规格;

(2)掌握单片机最小系统结构;

(3)熟悉程序循环结构及语法;

(4)掌握转向灯硬件知识、工作原理及编程方法;

(5)熟悉C语言常量、变量、数据类型及定义、关系运算符、算术运算符等知识。

能力目标

(1)会使用 while、do…while 等循环指令编程;

(2)能熟练运用 Keil 软件和硬件平台进行调试;

(3)能使用常量、变量、变量类型、表达式、算术与关系运算符指令编写程序;

(4)能独立编写简单C语言程序并调试运行。

项目背景

警示灯,顾名思义就是在车辆转弯时,起到警示车前或车后的行人或车辆的作用。前转向灯,安装在汽车大灯旁边,用于在转弯时警示前方车辆。后转向灯,安装在汽车尾部,用于在转弯时警示后方车辆。侧转向灯,安装在第1驾驶室的车门旁或安装在后视镜上,用于在转弯时警示旁边车辆。转向灯灯管采用氙气灯管,单片机控制电路,左右轮换频闪不间断工作。转向灯采用闪光器,实现灯光闪烁。主要可分为阻丝式、电容式和电子式三种。转向灯是表示汽车动态信息的最主要装置,安装在车身前后,在汽车转弯时开启,它为行车安全提供了保障,为了您和他人的安全,请按规定使用转向灯,使人们提前知道汽车的动向,做出正确的判断。

通过对汽车转向灯闪烁效果分析,了解灯闪烁的工作原理,掌握C语言编程实现方法,利用C语言知识,编程实现转向灯的闪烁及快慢控制。

任务一　闪烁灯设计与实现

一、任务要求

用C语言编程实现一个或多个 LED 灯闪烁,并在 Keil 软件中输入、编译及调试,在硬件平台中运行演示(没有条件的学习者可以在 protues 软件中仿真),实现效果。

二、具体实现

【例 4.1】 编程实现一个 LED 一直闪烁。

```
#include <reg52.h>              //系统头文件
sbit LED1 = P3^0;
void delayms(void)
{
    unsigned char x = 250;
    unsigned char i;
    while(x--)
    {
      i = 0;
      While(i<250)
      {
        i = i + 1;
      }
    }
}
void main(void)                 //主函数
{                               //函数体开始
    while(1)
    {
      LED1 = 0;
      delayms();
      LED1 = 1;
      delayms();
    }
}                               //函数体结束
```

程序说明：

while(1)：为循环指令，实现循环结构体的循环功能。具体参考相关知识内容。

【例 4.2】 编程实现任意四个 LED 灯一直闪烁。

```
#include <reg52.h>              //系统头文件
#define LED_ALL P3
void delayms(void)
{
    unsigned char x = 250;
    unsigned char i;
    while(x--)
    {
      i = 0;
      While(i<250)
```

```
        {
          i = i + 1;
        }
    }
}
void main(void)                    //主函数
{                                  //函数体开始
    while(1)
    {
      LED_ALL = 0x3e;
      delayms();
      LED_ALL = 0xff;
      delayms();
    }
}                                  //函数体结束
```

【例 4.3】 编程实现 8 个 LED 灯闪烁 5 次。

```
#include <reg52.h>                 //系统头文件
#define LED_ALL P3
void delayms(void)
{
    unsigned char x = 250;
    unsigned char i;
    while(x--)
    {
      i = 0;
      while(i<250)
      {
        i = i + 1;
      }
    }
}
void main(void)                    //主函数
{                                  //函数体开始
    unsigned char i = 0;
    while(i<5)
    {
      LED_ALL = 0x00;
      delayms();
```

```
        LED_ALL = 0xff;
        delayms();
        i = i + 1;
    }
}                                   //函数体结束
```

三、相关知识—常量与变量、数据类型、函数

(一)C语言的数据类型

程序中使用的各种变量都应预先加以定义,即先定义,后使用。对变量的定义可以包括三个方面:①数据类型;②存储类型;③作用域。

我们只介绍数据类型的说明。其他说明在以后内容中陆续介绍。所谓数据类型是按被定义变量的性质,表示形式,占据存储空间的多少,构造特点来划分的。在C语言中,数据类型可分为:基本数据类型,构造数据类型,指针类型,空类型四大类。

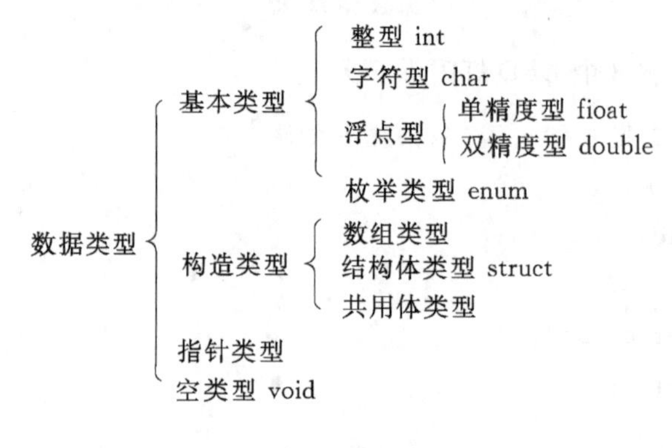

图4-1 数据类型

1)基本数据类型:基本数据类型最主要的特点是,其值不可以再分解为其他类型。也就是说,基本数据类型是自我说明的。

2)构造数据类型:构造数据类型是根据已定义的一个或多个数据类型用构造的方法来定义的。也就是说,一个构造类型的值可以分解成若干个“成员”或“元素”。每个“成员”都是一个基本数据类型或又是一个构造类型。在C语言中,构造类型有以下几种:

① 数组类型

② 结构体类型

③ 共用体(联合)类型

3)指针类型:指针是一种特殊的,同时又是具有重要作用的数据类型。其值用来表示某个变量在内存储器中的地址。虽然指针变量的取值类似于整型量,但这是两个类型完全不同的量,因此不能混为一谈。

4)空类型:在调用函数值时,通常应向调用者返回一个函数值。这个返回的函数值是具有一定的数据类型的,应在函数定义及函数说明中给予说明,例如在例题中给出的max函数定义中,函数头为:int max(int a,int b);其中“int ”类型说明符即表示该函数的返回值为整型

量。又如在例题中，使用了库函数 sin，由于系统规定其函数返回值为双精度浮点型，因此在赋值语句 s=sin(x)；中，s 也必须是双精度浮点型，以便与 sin 函数的返回值一致。所以在说明部分，把 s 说明为双精度浮点型。但是，也有一类函数，调用后并不需要向调用者返回函数值，这种函数可以定义为“空类型”。其类型说明符为 void。在后面函数中还要详细介绍。

在本项目中，我们先介绍基本数据类型中的整型、字符型和浮点型。其余类型在以后内容中陆续介绍。

1. 常量

常量是指程序在运行时其值不能改变的量，它是 C 语言中使用的基本数据对象之一。C 语言提供的常量有：

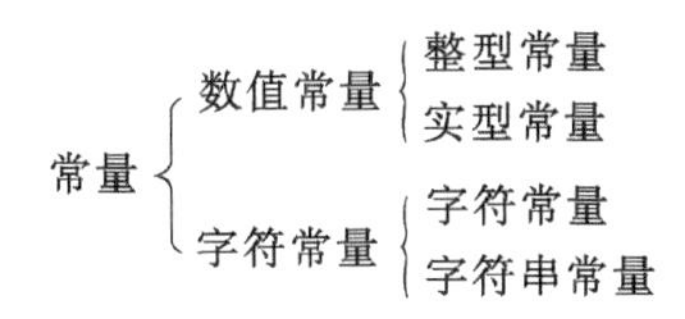

图 4-2　常量数据类型

以上是常量所具有的类型属性，这些类型决定了各种常量所占存储空间的大小和数的表示范围。在 C 程序中，常量是直接以自身的存在形式体现其值和类型，例如：123 是一个整型常量，占两个存储字节，数的表示范围是－32768～32767。

需要注意的是，常量并不占内存，在程序运行时它作为操作对象直接出现在运算器的各种寄存器中。

2. 符号常量

在 C 程序中，常量除了以自身的存在形式直接表示之外，还可以用标识符来表示常量。因为经常碰到这样的问题：常量本身是一个较长的字符序列，且在程序中重复出现，例如：取常数 π 的值为 3.1415927，如果 π 在程序中多处出现，直接使用 3.1415927 的表示形式，势必会使编程工作显得繁琐，而且，当需要把 π 的值修改为 3.1415926536 时，就必须逐个查找并修改，这样，会降低程序的可修改性和灵活性。因此，C 语言中提供了一种符号常量，即用指定的标识符来表示某个常量，在程序中需要使用该常量时就可直接引用标识符。

C 语言中用宏定义命令对符号常量进行定义，其定义形式如下：

#define 标识符 常量

其中 #define 是宏定义命令的专用定义符，标识符是对常量的命名，常量可以是前面介绍的几种类型常量中的任何一种。要使指定的标识符来代表指定的常量，这个被指定的标识符就称为符号常量。例如，在 C 程序中，要用 PAI 代表实型常量 3.1415927，用 W 代表字符串常量“Windows 7”，可用下面两个宏定义命令：

```
#define PAI 3.1415927
#define W "Windows 7"
```

宏定义的功能是：在编译预处理时，将程序中宏定义(关于编译预处理和宏定义的概念详见后面)命令之后出现的所有符号常量用宏定义命令中对应的常量一一替代。例如，对于以上两个宏定义命令，编译程序时，编译系统首先将程序中除这两个宏定义命令之外的所有 PAI 替换为 3.1415927，所有 W 替换为 Windows 7。因此，符号常量通常也被称为宏替换名。

习惯上人们把符号常量名用大写字母表示，而把变量名用小写字母表示。其中，PAI 为定义的符号常量，程序编译时，用 3.1416 替换所有的 PAI。

3. 变量

对于基本数据类型量，按其取值是否可变又分为常量和变量两种。在程序执行过程中，其值不发生改变的量称为常量，其值可变的量称为变量。它们可与数据类型结合起来分类。例如，可分为整型常量、整型变量、浮点常量、浮点变量、字符常量、字符变量、枚举常量、枚举变量。在程序中，常量是可以不经说明而直接引用的，而变量则必须先定义后使用。

其值可以改变的量称为变量。一个变量应该有一个名字，在内存中占据一定的存储单元。变量定义必须放在变量使用之前。一般放在函数体的开头部分。要区分变量名和变量值是两个不同的概念。

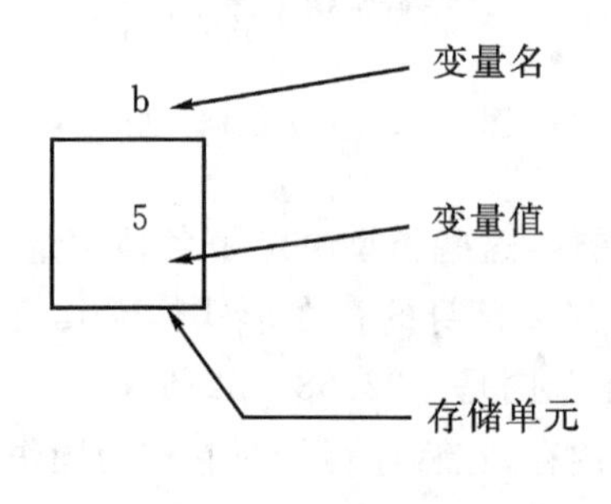

图 4-3 变量存储

(二)整型数据

1. 整型常量的表示方法

整型常量就是整常数。在C语言中使用的整常数有十进制、八进制和十六进制三种。

1)十进制整常数：十进制整常数没有前缀，其数码为 0～9。

以下各数是合法的十进制整常数：237、－568、65535、1627；

以下各数不是合法的十进制整常数：023 (不能有前导 0)、23D (含有非十进制数码)。整常数是根据前缀来区分各种进制数的。因此在书写常数时不要把前缀弄错造成结果不正确。

2)八进制整常数：八进制整常数必须以 0 开头，即以 0 作为八进制数的前缀。数码取值为 0～7。八进制数通常是无符号数。

以下各数是合法的八进制数：015(十进制为 13)、0101(十进制为 65)、0177777(十进制为 65535)；

以下各数不是合法的八进制数：256(无前缀 0)、03A2(包含了非八进制数码)、－0127(出现了负号)。

3)十六进制整常数：十六进制整常数的前缀为 0X 或 0x。其数码取值为 0～9，A～F 或a～f。

以下各数是合法的十六进制整常数：0X2A(十进制为 42)、0XA0 (十进制为 160)、

0XFFFF（十进制为 65535）；

以下各数不是合法的十六进制整常数：5A（无前缀 0X）、0X3H（含有非十六进制数码）。

4）整型常数的后缀：在 16 位字长的机器上，基本整型的长度也为 16 位，因此表示的数的范围也是有限定的。十进制无符号整常数的范围为 0～65535，有符号数为－32768～＋32767。八进制无符号数的表示范围为 0～0177777。十六进制无符号数的表示范围为 0X0～0XFFFF 或 0x0～0xFFFF。如果使用的数超过了上述范围，就必须用长整型数来表示。长整型数是用后缀“L”或“l”来表示的。

例如：

十进制长整常数：158L（十进制为 158）、358000L（十进制为 358000）；

八进制长整常数：012L（十进制为 10）、077L（十进制为 63）、0200000L（十进制为 65536）；

十六进制长整常数：0X15L（十进制为 21）、0XA5L（十进制为 165）、0X10000L（十进制为 65536）。

长整数 158L 和基本整常数 158 在数值上并无区别。但对 158L，因为是长整型量，C 编译系统将为它分配 4 个字节存储空间。而对 158，因为是基本整型，只分配 2 个字节的存储空间。因此在运算和输出格式上要予以注意，避免出错。

无符号数也可用后缀表示，整型常数的无符号数的后缀为“U”或“u”。

例如：358u，0x38Au，235Lu 均为无符号数。前缀，后缀可同时使用以表示各种类型的数。如 0XA5Lu 表示十六进制无符号长整数 A5，其十进制为 165。

2. 整型变量

数据在内存中是以二机制形式存放。如果定义了一个整型变量 i：

```
int i;
i=10;
```

数值是以补码表示的，如下所示。

1）正数的补码和原码相同；

2）负数的补码：将该数的绝对值的二进制形式按位取反再加 1。

0	0	0	0	0	0	0	0	0	0	0	0	1	0	1	0

例如：求－10 的补码：

①取－10 的绝对值；

②10 绝对值的二进制形式为 1010；

③对 1010 取反得：1111111111110101；

④再加 1 得：1111111111110110，如下所示。

10 的原码：

0	0	0	0	0	0	0	0	0	0	0	0	1	0	1	0

取反：

1	1	1	1	1	1	1	1	1	1	1	1	0	1	0	1

再加 1，得－10 的补码：

1	1	1	1	1	1	1	1	1	1	1	1	0	1	1	0

由此可知，左面的第一位是表示符号的。

(1)整型变量的分类

1)基本型：类型说明符为 int，在内存中占 2 个字节。

2)短整量：类型说明符为 short int 或 short。所占字节和取值范围均与基本型相同。

3)长整型：类型说明符为 long int 或 long，在内存中占 4 个字节。

4)无符号型：类型说明符为 unsigned。

无符号型又可与上述三种类型匹配而构成：

① 无符号基本型：类型说明符为 unsigned int 或 unsigned；

② 无符号短整型：类型说明符为 unsigned short；

③ 无符号长整型：类型说明符为 unsigned long。

各种无符号类型量所占的内存空间字节数与相应的有符号类型量相同。但由于省去了符号位，故不能表示负数。

有符号整型变量：最大表示 32767。

0	1	1	1	1	1	1	1	1	1	1	1	1	1	1	1

无符号整型变量：最大表示 65535。

1	1	1	1	1	1	1	1	1	1	1	1	1	1	1	1

下表列出了 Turbo C 中各类整型量所分配的内存字节数及数的表示范围。

表 4-1　Turbo C 中各类整型量所分配的内存字节数及数的表示范围

类型说明符	数的范围	字节数
int	−32768～32767　即 -2^{15}～$(2^{15}-1)$	2
unsigned int	0～65535　即 0～$(2^{16}-1)$	2
short int	−32768～32767　即 -2^{15}～$(2^{15}-1)$	2
unsigned short int	0～65535　即 0～$(2^{16}-1)$	2
long int	−2147483648～2147483647　即 -2^{31}～$(2^{31}-1)$	4
unsigned long	0～4294967295　即 0～$(2^{32}-1)$	4

(2)整型变量的定义

变量定义的一般形式为：

类型说明符变量名标识符，变量名标识符…

例如：

```
int a,b,c; (a,b,c 为整型变量)
long x,y; (x,y 为长整型变量)
unsigned p,q; (p,q 为无符号整型变量)
```

在书写变量定义时，应注意以下几点：

① 允许在一个类型说明符后，定义多个相同类型的变量。各变量名之间用逗号间隔，类型说明符与变量名之间至少用一个空格间隔。

② 最后一个变量名之后必须以“;”号结尾。

③ 变量定义必须放在变量使用之前，一般放在函数体的开头部分。

【例 4.4】 整型变量的定义与使用。

```
void main(void)
{
    int a,b,c,d;
    unsigned u;
    a = 12;b = - 24;u = 10;
    c = a + u;d = b + u;
}
```

从程序中可以看到：x，y 是长整型变量，a，b 是基本整型变量。它们之间允许进行运算，运算结果为长整型。但 c,d 被定义为基本整型，因此最后结果为基本整型。本例说明，不同类型的量可以参与运算并相互赋值。其中的类型转换是由编译系统自动完成的。有关类型转换的规则将在以后介绍。

(三)字符型数据

字符型数据包括字符常量和字符变量。

1. 字符常量

字符常量是用单引号括起来的一个字符。例如：

´a´、´b´、´=´、´+´、´?´等，都是合法字符常量。

在 C 语言中，字符常量有以下特点：

1)字符常量只能用单引号括起来，不能用双引号或其他括号。

2)字符常量只能是单个字符，不能是字符串。

3)字符可以是字符集中的任意字符。但数字被定义为字符型之后就不能参与数值运算。如′5′和 5 是不同的。′5′是字符常量，不能参与运算。

2. 转义字符

转义字符是一种特殊的字符常量。转义字符以反斜线“\\”开头，后跟一个或几个字符。转义字符具有特定的含义，不同于字符原有的意义，故称“转义”字符。

表 4-2　常用的转义字符及其含义

转义字符	转义字符的意义	ASCII 代码
\n	回车换行	10
\t	横向跳到下一制表位置	9
\b	退格	8
\r	回车	13
\f	走纸换页	12
\反斜线符“\”	92	

续表 4-2

转义字符	转义字符的意义	ASCII代码
\′	单引号符	39
\″	双引号符	34
\a	鸣铃	7
\ddd	1～3位八进制数所代表的字符	
\xhh	1～2位十六进制数所代表的字符	

广义地讲,C语言字符集中的任何一个字符均可用转义字符来表示。表中的\ddd和\xhh正是为此而提出的。ddd和hh分别为八进制和十六进制的ASCII代码。如\101表示字母"A",\102表示字母"B",\134表示反斜线,\XOA表示换行等。

3. 字符变量

字符变量用来存储字符常量,即单个字符。字符变量的类型说明符是char。字符变量类型定义的格式和书写规则都与整型变量相同,例如:char a,b。

4. 字符数据在内存中的存储形式及使用方法

每个字符变量被分配一个字节的内存空间,因此只能存放一个字符。字符值是以ASCII码的形式存放在变量的内存单元之中的。

如x的十进制ASCII码是120,y的十进制ASCII码是121。对字符变量a,b赋予′x′和′y′值:

```
a = ′x′;
b = ′y′;
```

实际上是在a,b两个单元内存放120和121的二进制代码:

a:

0	1	1	1	1	0	0	0

b:

0	1	1	1	1	0	0	1

所以也可以把它们看成是整型量。C语言允许对整型变量赋以字符值,也允许对字符变量赋以整型值。在输出时,允许把字符变量按整型量输出,也允许把整型量按字符量输出。

整型量为二字节量,字符量为单字节量,当整型量按字符型量处理时,只有低八位字节参与处理。

本程序中定义a,b为字符型,但在赋值语句中赋以整型值。

【例4.5】 字符数据定义。

```
main()
{
    char a,b;
```

```
    a = 'a';
    b = 'b';
    a = a - 32;
    b = b - 32;
}
```

本例中，a，b 被说明为字符变量并赋予字符值，C 语言允许字符变量参与数值运算，即用字符的 ASCII 码参与运算。由于大小写字母的 ASCII 码相差 32，因此运算后把小写字母换成大写字母，然后分别以整型和字符型输出。

5. 字符串常量

字符串常量是由一对双引号括起的字符序列。例如："CHINA"，"C program"，"＄12.5"等都是合法的字符串常量。

字符串常量和字符常量是不同的量。它们之间主要有以下区别：

1)字符常量由单引号括起来，字符串常量由双引号括起来。

2)字符常量只能是单个字符，字符串常量则可以含一个或多个字符。

3)可以把一个字符常量赋予一个字符变量，但不能把一个字符串常量赋予一个字符变量。在 C 语言中没有相应的字符串变量。这是与 BASIC 语言不同的。但是可以用一个字符数组来存放一个字符串常量。在数组知识内予以介绍。

4)字符常量占一个字节的内存空间。字符串常量占的内存字节数等于字符串中字节数加 1。增加的一个字节中存放字符"\0"（ASCII 码为 0）。这是字符串结束的标志。

例如：字符串"C program"在内存中所占的字节为：

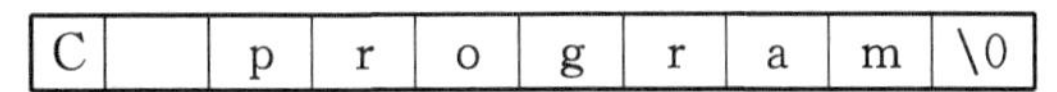

C		p	r	o	g	r	a	m	\0

字符常量'a'和字符串常量"a"虽然都只有一个字符，但在内存中的情况是不同的。

'a'在内存中占一个字节，可表示为：

a

"a"在内存中占二个字节，可表示为：

a	\0

(四)变量赋初值

在程序中常常需要对变量赋初值，以便使用变量。语言程序中可有多种方法为变量提供初值。本小节先介绍在作变量定义的同时给变量赋以初值的方法。这种方法称为初始化。在变量定义中赋初值的一般形式为：

类型说明符：变量 1＝值 1，变量 2＝值 2，……；例如：

```
int a = 3;
int b,c = 5;
```

```
float x = 3.2,y = 3f,z = 0.75;
char ch1 = 'K',ch2 = 'P';
```

应注意,在定义中不允许连续赋值,如 a=b=c=5 是不合法的。

【例 4.6】 变量赋初值。

```
main(void)
{
    int a=3,b,c=5;
    b=a+c;
}
```

(五)各类数值型数据之间的混合运算

变量的数据类型是可以转换的。转换的方法有两种,一种是自动转换,一种是强制转换。自动转换发生在不同数据类型的量混合运算时,由编译系统自动完成。自动转换遵循以下规则:

1)若参与运算量的类型不同,则先转换成同一类型,然后进行运算。

2)转换按数据长度增加的方向进行,以保证精度不降低。如 int 型和 long 型运算时,先把 int 量转成 long 型后再进行运算。

3)所有的浮点运算都是以双精度进行的,即使仅含 float 单精度量运算的表达式,也要先转换成 double 型,再作运算。

4)char 型和 short 型参与运算时,必须先转换成 int 型。

5)在赋值运算中,赋值号两边量的数据类型不同时,赋值号右边量的类型将转换为左边量的类型。如果右边量的数据类型长度比左边长时,将丢失一部分数据,这样会降低精度,丢失的部分按四舍五入向前舍入。

图 4-4 表示了类型自动转换的规则。

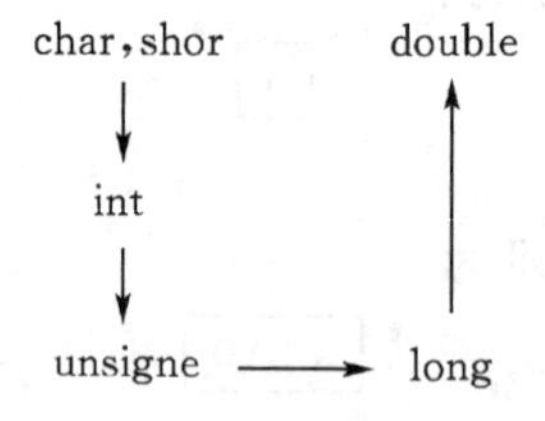

4-4 类型自动转换的规则

【例 4.7】 类型自动转换。

```
main(void)
{
    float PI = 3.14159;
    int s,r = 5;
    s = r * r * PI;
}
```

本例程序中,PI 为实型;s,r 为整型。在执行 s=r*r*PI 语句时,r 和 PI 都转换成double 型计算,结果也为 double 型。但由于 s 为整型,故赋值结果仍为整型,舍去了小数部分。

强制类型转换是通过类型转换运算来实现的。其一般形式为:

```
(类型说明符)(表达式)
```

其功能是把表达式的运算结果强制转换成类型说明符所表示的类型。例如:

```
(float) a        把 a 转换为实型
(int)(x+y)       把 x+y 的结果转换为整型
```

在使用强制转换时应注意以下问题:

1)类型说明符和表达式都必须加括号(单个变量可以不加括号),如把(int)(x+y)写成(int)x+y 则成了把 x 转换成 int 型之后再与 y 相加了。

2)无论是强制转换或是自动转换,都只是为了本次运算的需要而对变量的数据长度进行的临时性转换,而不改变数据说明时对该变量定义的类型。

(六)函数概念

在前面已经介绍过,C 源程序是由函数组成的。虽然在前面各章的程序中大都只有一个主函数 main(),但实用程序往往由多个函数组成。函数是 C 源程序的基本模块,通过对函数模块的调用实现特定的功能。C 语言中的函数相当于其他高级语言的子程序。C 语言不仅提供了极为丰富的库函数(如 Turbo C,MS C 都提供了三百多个库函数),还允许用户建立自己定义的函数。用户可把自己的算法编成一个个相对独立的函数模块,然后用调用的方法来使用函数。可以说 C 程序的全部工作都是由各式各样的函数完成的,所以也把 C 语言称为函数式语言。

由于采用了函数模块式的结构,C 语言易于实现结构化程序设计。使程序的层次结构清晰,便于程序的编写、阅读、调试。

在 C 语言中可从不同的角度对函数分类。

(1)从函数定义的角度看,函数可分为库函数和用户定义函数两种。

1)库函数:由 C 系统提供,用户无须定义,也不必在程序中作类型说明,只需在程序前包含有该函数原型的头文件即可在程序中直接调用。

2)用户定义函数:由用户按需要写的函数。对于用户自定义函数,不仅要在程序中定义函数本身,而且在主调函数模块中还必须对该被调函数进行类型说明,然后才能使用。

(2)C 语言的函数兼有其他语言中的函数和过程两种功能,从这个角度看,又可把函数分为有返回值函数和无返回值函数两种。

1)有返回值函数:此类函数被调用执行完后将向调用者返回一个执行结果,称为函数返回值。如数学函数即属于此类函数。由用户定义的这种要返回函数值的函数,必须在函数定义和函数说明中明确返回值的类型。

2)无返回值函数:此类函数用于完成某项特定的处理任务,执行完成后不向调用者返回函数值。这类函数类似于其他语言的过程。由于函数无须返回值,用户在定义此类函数时可指定它的返回为“空类型”,空类型的说明符为“void”。

(3)从主调函数和被调函数之间数据传送的角度看又可分为无参函数和有参函数两种。

1)无参函数:函数定义、函数说明及函数调用中均不带参数。主调函数和被调函数之间不进行参数传送。此类函数通常用来完成一组指定的功能,可以返回或不返回函数值。

2)有参函数:也称为带参函数。在函数定义及函数说明时都有参数,称为形式参数(简称为形参)。在函数调用时也必须给出参数,称为实际参数(简称为实参)。进行函数调用时,主调函数将把实参的值传送给形参,供被调函数使用。

(4)C语言提供了极为丰富的库函数,这些库函数又可从功能角度作以下分类。

1)字符类型分类函数:用于对字符按ASCII码分类:字母,数字,控制字符,分隔符,大小写字母等。

2)转换函数:用于字符或字符串的转换;在字符量和各类数字量(整型,实型等)之间进行转换;在大、小写之间进行转换。

①目录路径函数:用于文件目录和路径操作。

②诊断函数:用于内部错误检测。

③图形函数:用于屏幕管理和各种图形功能。

④输入输出函数:用于完成输入输出功能。

⑤接口函数:用于与DOS,BIOS和硬件的接口。

⑥字符串函数:用于字符串操作和处理。

⑦内存管理函数:用于内存管理。

⑧数学函数:用于数学函数计算。

⑨日期和时间函数:用于日期,时间转换操作。

⑩进程控制函数:用于进程管理和控制。

⑪其他函数:用于其他各种功能。

以上各类函数不仅数量多,而且有的还需要硬件知识才会使用,因此要想全部掌握则需要一个较长的学习过程。应首先掌握一些最基本、最常用的函数,再逐步深入。由于篇幅关系,我们只介绍了很少一部分库函数,其余部分读者可根据需要查阅有关手册。

还应该指出的是,在C语言中,所有的函数定义,包括主函数main在内,都是平行的。也就是说,在一个函数的函数体内,不能再定义另一个函数,即不能嵌套定义。但是函数之间允许相互调用,也允许嵌套调用。习惯上把调用者称为主调函数。函数还可以自己调用自己,称为递归调用。

main函数是主函数,它可以调用其他函数,而不允许被其他函数调用。因此,C程序的执行总是从main函数开始,完成对其他函数的调用后再返回到main函数,最后由main函数结束整个程序。一个C源程序必须有,也只能有一个主函数main。

四、能力拓展

【例4.8】 三个LED灯闪烁5次。

```
#include <reg52.h>              //系统头文件
#define LED_ALL P3
void delayms(void)
{
    unsigned char x = 250;
    unsigned char i;
```

```
    while(x--)
    {
      i = 0;
      While(i<250)
      {
        i = i + 1;
      }
    }
}
void main(void)                    //主函数
{                                  //函数体开始
    unsigned char i = 0;
    while(i<5)
    {
      LED_ALL = 0xf8;
      delayms();
      LED_ALL = 0xff;
      delayms();
      i = i + 1;
    }
}                                  //函数体结束
```

while(i<5):while 语句用来实现循环结构。其一般形式如下:while(表达式)语句,其中表达式是循环条件,语句为循环体。当表达式为非 0 时,执行 while 语句中的内嵌语句,其特点是:先判断表达式,后执行语句。

注意:(1)循环体如果包含一个以上的语句,应该用花括号括起来,以复合语句形式出现。如果不加花括号,则 while 语句的范围只到 while 后面的第一个分号处。(2)在循环体中应有使循环体趋向于结束的语句。例如,本例中循环结束的条件是"i<5",因此在循环体中应该有使 i 增值以最终导致 i<5 的语句,今用"i=(i+1);"语句来到达此目的。如果无此语句,则 i 的值始终不改变,循环永不结束。

【例 4.9】 用 while 实现 8 个灯从左到右依次点亮 1 次。

```
#include<reg52.h>
#define LED_ALL P3
void delayms(void)
{
    unsigned char x = 250;
    unsigned char i;
    while(x--)
    {
        i = 0;
```

```
        while(i<250)
        {
            i=i+1;
        }
    }
}
void main(void)
{
    unsigned char i,x;
    i=0xfe;
    x=8;
    while(x>0)
    {
        LED_ALL=i;
        delayms();
        i=i<<1;
        x--;
    }
}
```

【例 4.10】 用while实现8个灯从左到右依次点亮循环显示。

```
#include<reg52.h>
#define LED_ALL P3
void delayms(void)
{
    unsigned char x=250;
    unsigned char i;
    while(x--)
    {
        i=0;
        while(i<250)
        {
            i=i+1;
        }
    }
}
void main(void)
{
    unsigned char i,x;
    while(1)
```

```
    {
        i = 0xfe;
        x = 8;
        while(x>0)
        {
            LED_ALL = i;
            delayms();
            i = i<<1;
            x--;
        }
    }
}
```

【训练】如果闪烁10次、20次或者50次呢？编程实现。

任务二　警示灯设计与实现

一、任务要求

使用do/whilie语句实现LED灯亮灭的条件控制。

二、具体实现

【例4.11】 LED灯亮灭2次，编程实现效果。

```
#include <reg52.h>                    //系统头文件
sbit LED1 = P3^1;
void delayms(void)
{
    unsigned char x = 250;
    unsigned char i;
    while(x--)
    {
      i = 0;
      While(i<250)
      {
        i = i + 1;
      }
    }
}
void main(void)                       //主函数
{                                     //函数体开始
```

```
    unsigned char i = 0;
    do
    {
      LED1 = 0;                          //第一个灯亮
      delayms();
      LED1 = 1;
      delayms();
      i++;
    }while(i<2);
}
```

【例 4.12】 等待一段时间后,LED 灯闪烁。编程实现效果。

```
#include <reg52.h>                       //系统头文件
sbit LED1 = P3^0;
void delayms(void)
{
    unsigned char x = 250;
    unsigned char i;
    do
    {
      i = 0;
      do
      {
        i = i + 1;
      }
      While(i<250);
    }
    while(x--);
}
void main(void)                          //主函数
{                                        //函数体开始
    unsigned char i = 0;
    do
    {
      delayms();
    } while(i<5);
    i = 0;
    do
    {
        LED1 = 0;                        //第一个灯亮
```

```
        delayms();
        LED1 = 1;                     //第一个灯亮
        delayms();
    } while(1);
}                                     //函数体结束
```

三、相关知识—运算符与表达式、do-while

(一)算术运算符和算术表达式

1. 基本的算术运算符

加法运算符“+”:加法运算符为双目运算符,即应有两个量参与加法运算。如 a+b,4+8 等,具有右结合性。

减法运算符“-”:减法运算符为双目运算符。但“-”也可作负值运算符,此时为单目运算,如-x,-5 等具有左结合性。

乘法运算符“*”:双目运算,具有左结合性。

除法运算符“/”:双目运算具有左结合性。参与运算量均为整型时,结果也为整型,舍去小数。如果运算量中有一个是实型,则结果为双精度实型。

求余运算符(模运算符)“%”:双目运算,具有左结合性。要求参与运算的量均为整型。求余运算的结果等于两数相除后的余数。

2. 算术表达式和运算符的优先级和结合性

表达式是由常量、变量、函数和运算符组合起来的式子。一个表达式有一个值及其类型,它们等于计算表达式所得结果的值和类型。表达式求值按运算符的优先级和结合性规定的顺序进行。单个的常量、变量、函数可以看作是表达式的特例。

算术表达式是由算术运算符和括号连接起来的式子。它是用算术运算符和括号将运算对象(也称操作数)连接起来的、符合 C 语法规则的式子。

以下是算术表达式的例子:

```
a + b
(a * 2)/c
(x + r) * 8 - (a + b)/7
 ++ I
sin(x) + sin(y)
( ++ i) - (j ++ ) + (k -- )
```

运算符的优先级:在表达式中,优先级较高的先于优先级较低的进行运算。而在一个运算量两侧的运算符优先级相同时,则按运算符的结合性所规定的结合方向处理。

运算符的结合性:C 语言中各运算符的结合性分为两种,即左结合性(自左至右)和右结合性(自右至左)。例如算术运算符的结合性是自左至右,即先左后右。如有表达式 x-y+z 则 y 应先与“-”号结合,执行 x-y 运算,然后再执行+z 的运算。这种自左至右的结合方向就称为“左结合性”。而自右至左的结合方向称为“右结合性”。最典型的右结合性运算符是赋值运算符。如 x=y=z,由于“=”的右结合性,应先执行 y=z 再执行 x=(y=z)运算。C 语言运算符中有不少为右结合性,应注意区别,以避免理解错误。

3. 强制类型转换运算符

其一般形式为:

(类型说明符)(表达式)

其功能是把表达式的运算结果强制转换成类型说明符所表示的类型。例如:

(float) a　　　　把 a 转换为实型

(int)(x+y)　　　把 x+y 的结果转换为整型

4. 自增、自减运算符

自增 1,自减 1 运算符:自增 1 运算符记为“++”,其功能是使变量的值自增 1。自减 1 运算符记为“--”,其功能是使变量值自减 1。自增 1,自减 1 运算符均为单目运算,都具有右结合性。可有以下几种形式:

++i　　　　i 自增 1 后再参与其他运算。

--i　　　　i 自减 1 后再参与其他运算。

i++　　　　i 参与运算后,i 的值再自增 1。

i--　　　　i 参与运算后,i 的值再自减 1。

在理解和使用上容易出错的是 i++ 和 i--。特别是当它们出在较复杂的表达式或语句中时,常常难于弄清,因此应仔细分析。

i 的初值为 8,第 2 行 i 加 1 后输出为 9;第 3 行减 1 后输出为 8;第 4 行输出 i 为 8 之后再加 1(为 9);第 5 行输出 i 为 9 之后再减 1(为 8);第 6 行输出 -8 之后再加 1(为 9),第 7 行输出 -9 之后再减 1(为 8)。

【例 4.13】 自增自减举例。

```
main()
{
    int i=5,j=5,p,q;
    p=(i++)+(i++)+(i++);
    q=(++j)+(++j)+(++j);
}
```

这个程序中,对 P=(i++)+(i++)+(i++)应理解为三个 i 相加,故 P 值为 15。然后 i 再自增 1,三次相当于加 3,故 i 的最后值为 8。而对于 q 的值则不然,q=(++j)+(++j)+(++j)应理解为 q 先自增 1,再参与运算,由于 q 自增 1 三次后值为 8,三个 8 相加的和为 24,j 的最后值仍为 8。

(二)关系运算符和表达式

在程序中经常需要比较两个量的大小关系,以决定程序下一步的工作。比较两个量的运算符称为关系运算符。

1. 关系运算符及其优先次序

在C语言中有以下关系运算符：

1）＜小于

2）＜＝小于或等于

3）＞大于

4）＞＝大于或等于

5）＝＝等于

6）！＝不等于

关系运算符都是双目运算符，其结合性均为左结合。关系运算符的优先级低于算术运算符，高于赋值运算符。在六个关系运算符中，＜，＜＝，＞，＞＝的优先级相同，高于＝＝和！＝，＝＝和！＝的优先级相同。

2. 关系表达式

关系表达式的一般形式为：

表达式关系运算符表达式

例如：

```
a+b>c-d
x>3/2
'a'+1<c
-i-5*j==k+1
```

上面都是合法的关系表达式。由于表达式也可以又是关系表达式。因此也允许出现嵌套的情况。例如：

```
a>(b>c)
a!=(c==d)
```

关系表达式的值是“真”和“假”，用“1”和“0”表示。如：

5＞0 的值为"真"，即为 1。

(a=3)＞(b=5)由于 3＞5 不成立，故其值为“假”，即为 0。

(三)do-while 语句

循环结构是程序中一种很重要的结构。其特点是，在给定条件成立时，反复执行某程序段，直到条件不成立为止。给定的条件称为循环条件，反复执行的程序段称为循环体。C语言提供了多种循环语句，可以组成各种不同形式的循环结构。①用 goto 语句和 if 语句构成循环；②用 while 语句；③用 do-while 语句；④用 for 语句；

do-while 语句的一般形式为：

do

```
{
    语句
}
while(表达式);
```

这个循环与 while 循环的不同在于它先执行循环中的语句,然后再判断表达式是否为真,如果为真则继续循环;如果为假,则终止循环。因此,do-while 循环至少要执行一次循环语句。其执行过程可用下图 4-5 表示。

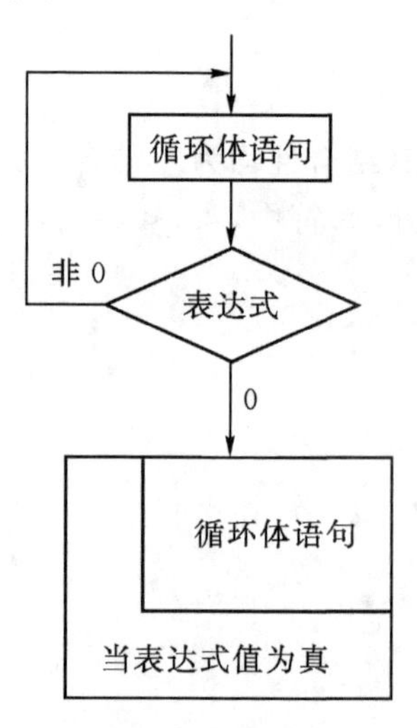

图 4-5　流程图

【例 4.14】 用 do-while 语句求 $\sum_{n=1}^{100}$。

用传统流程图和 N－S 结构流程图表示算法,见图 4-6。

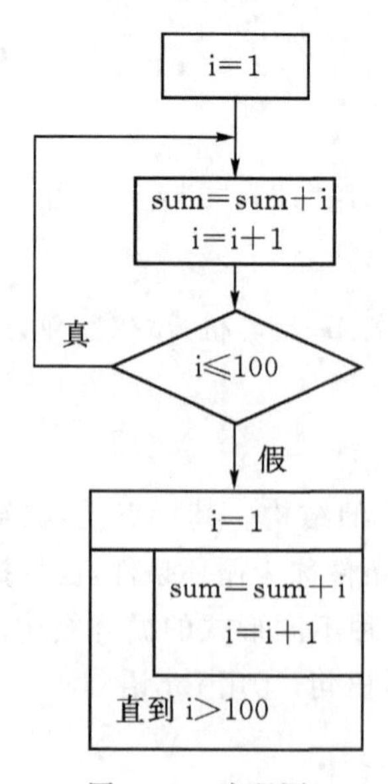

图 4-6　流程图

```
main()
{
    int i,sum = 0;
    i = 1;
    do
    {
      sum = sum + i;
      i++;
    }
    while(i<=100);
}
```

同样当有许多语句参加循环时，要用“{”和“}”把它们括起来。

四、能力拓展

【例 4.15】 八个 LED 灯依次从左到右点亮。

```
#include <reg52.h>                    //系统头文件
#define LED_ALL P3
void delayms(void)
{
    unsigned char x = 250;
    unsigned char i;
    do
    {
      i = 0;
      do
      {
        i = i + 1;
      } while(i<250);
    } while(x--);
}
void main(void)                       //主函数
{                                     //函数体开始
    unsigned char j = 0;
    unsigned char i = 0xfe;
    do
    {
      LED_ALL = i;
```

```
        delayms();
        i = i<<1;
        j = j + 1;
    } while(j<8);
}
```

【例4.16】 八个LED灯依次从左到右循环点亮。

```
#include<reg52.h>
#define LED_ALL P3
void delayms(void)
{
    unsigned char x = 250;
    unsigned char i;
    do
    {
        i = 0;
        do
        {
            i = i + 1;
        }
        while(i<250);
    }
    while(x --);
}
void main(void)
{
    unsigned char i,x;
    while(1)
    {
        i = 0xfe;
        x = 8;
        do
        {
            LED_ALL = i;
            delayms();
            i = i<<1;
            x -- ;
        }
```

```
        while(x>0);
    }

}
```

【例 4.17】 八个 LED 灯依次增加点亮,并循环显示。

```
#include<reg52.h>
#define LED_ALL P3
void delayms(void)
{
    unsigned char x = 250;
    unsigned char i;
    do
    {
        i = 0;
        do
        {
            i = i + 1;
        }
        while(i<250);
    }
    while(x--);
}
void main(void)
{
    unsigned char i,x;
    while(1)
    {
        i = 0xfe;
        x = 8;
        do
        {
            LED_ALL = i;
            delayms();
            i = i<<1;
            i = i + 1;
            x-- ;
        }
```

```
        while(x>0);
    }
}
```

【例 4.18】 1个LED灯依次从左到右,再从右到左,并循环显示。

```
#include<reg52.h>
#define LED_ALL P3
void delayms(void)
{
    unsigned char x = 250;
    unsigned char i;
    do
    {
        i = 0;
        do
        {
            i = i + 1;
        }
        while(i<250);
    }
    while(x --);
}
void main(void)
{
    unsigned char i,x;
    while(1)
    {
        i = 0xfe;
        x = 8;
        do
        {
            LED_ALL = i;
            delayms();
            i = i<<1;
            i = i + 1;
            x-- ;
        }
        while(x>0);
```

```
        i = 0x7f;
        x = 8;
        do
        {
            LED_ALL = i;
            delayms();
            i = i>>1;
            i = i + 1;
            x--;
        }
        while(x>0);
    }
}
```

项目五　跑马灯设计与实现

项目目标导读

知识目标

(1)掌握C语言基本语句、编程规范及最简单程序结构;

(2)掌握C语言程序顺序、循环结构设计方法;

(3)熟悉C语言循环语句 while、do... while...、for 等循环指令及使用方法;

(4)掌握C语言数据类型、常量、变量及类型、表达式、运算符等知识;

(5)熟悉C语言位运算符、逻辑运算符、逗号运算符及表达式知识。

能力目标

(1)能使用 while、do... while...、for 等循环指令编程;

(2)能使用变量、运算符等知识编写基本的C语言程序。

项目背景

跑马灯,又叫走马灯、串马灯。顾名思义,就是“会像马儿一样跑动”的小灯,故取名“跑马灯”。跑马灯在硬件系统中一般是用来指示和显示处理器的运行状态,一般情况下,硬件的跑马灯由多个 LED 发光二极管组成。在硬件运行时,可以在不同状态下让跑马灯显示不同的组合,作为硬件系统正常的指示。当硬件系统出现故障时,可以利用跑马灯显示当前的故障码,对故障做出诊断。此外,跑马灯在硬件的调试过程中也非常有用,可以在不同时刻将需要的寄存器或关键变量的值显示在跑马灯上,提供需要的调试信息。实际应用中也常通过“跑马灯”来监视是否死机。

通过对跑马灯效果分析,了解跑马灯工作原理,利用C语言编程,掌握编程实现方法,实现跑马灯效果。

任务一　流水灯设计与实现

一、任务要求

城市夜景中,变幻多姿的霓虹灯是一道道亮丽的风景。利用硬件电路和软件编程实现自动控制功能,设计出相应不同的电路,可以实现彩灯不同模式的流水效果。本项目通过编程实现 LED 灯的自动控制,及不同种类的流水显示效果。所谓的流水灯,就是控制 LED 灯按照一定的顺序点亮而连续形成的整体效果。比如,先让第一个灯亮,一段时间后让第二个亮,再过一段时间让第三个亮。就这样连续起来,我们就会发现灯的亮灭就像流水一样,变化无穷。

利用前面学习知识如何实现:编程实现多个 LED 灯流水灯闪烁效果。

二、具体实现

【例 5.1】 do... while... 语句实现指示灯依次点亮。

```
#include <reg52.h>
#define LED_ALL P3
void delayms(void)
{
    unsigned char x = 250;
    unsigned char i;
    do
    {
      i = 0;
      while(i<250)
      {
        i = i + 1;
      }
    } while(x --);
}
void main(void)
{
    unsigned char temp = 0xfe;          //【变量与变量类型】
    unsigned char i = 0;                //定义一个无符号字符型变量 i,初始值等于 0
    do                                  //【比较运算符】
    {                                   //while 指令开始
      LED_ALL = temp;                   //
      delayms();                        //调用延时函数,延时一定的时间
      temp = ~((~temp)<<1);             //【位逻辑运算符】
      i ++ ;                            //【算术运算符】
    }while(i<8);                        // while 指令结束
}
```

程序说明:

unsigned char temp＝0xfe:定义一个无符号字符型变量 temp,该变量 temp 初始值等于 0xfe。

while(i<8):为循环指令,表示 i 从 0 到 8 递增循环。“<”为关系运算符,小于的意思。关系运算符包括==、! =、<=、>=、<和>共 6 种,具体说明详见 C 语言语法知识。

LED_ALL=temp:把 LED_ ALL 变量值等于 temp 变量值;变量 temp 在程序一开始就已经定义(unsigned char temp=0xfe)。变量 LED_ ALL 为编程者已经定义过,并可以直接使用。

temp=~((~temp)<<1):先 temp 变量值取反,再把该值左移 1 位,再把左移的值取反,最后保存到变量 temp 中。“~”和“<<”为位运算符,表示取反和左移的意思。位运算符一共有 &、|、~、^、<<和>>六种,具体含义参考 C 语言语法知识详细说明。

i=(i+1):变量 i 值等于原来值加 1。变量 i 已经在程序开始定义(unsigned char i=0)。

【例 5.2】 用移位法实现灯一次点亮。

```
#include <reg52.h>
#define LED_ALL P3

void delayms(void)
{
    unsigned char x = 0;
    unsigned char i;
    while(x<250)
    {
        i = 0;
        while(i<250)
        {
            i = i + 1;
        }
        x = x + 1;
    }
}
void main(void)
{
    unsigned char temp;
    temp = 0xfe;
    while(1)
    {
        LED_ALL = temp;
        delayms();
        temp = (temp<<1);
        temp = (temp + 0x01);
    }
}
```

【例 5.3】 do...while...语句实现 4 个指示灯依次点亮。

```
#include <reg52.h>
#define LED_ALL P3
void delayms(void)
```

```
{
    unsigned char x = 250;
    unsigned char i;
    do
    {
      i = 0;
      do
      {
        i = i + 1;
      } while(i<250);
    } while(x --);
}
void main(void)
{
    unsigned char temp, i;
    do
    {
      temp = 0xfe;                    //【变量与变量类型】
      i = 0;                          //定义一个无符号字符型变量 i,初始值等于 0
      do                              //【比较运算符】
      {                               //while 指令开始
        LED_ALL = temp;               //
        delayms();                    //调用延时函数,延时一定的时间
        temp = ~((~temp)<<1);         //【位逻辑运算符】
        i = (i + 1);                  //【算术运算符】
      }while(i<4);                    // while 指令结束
    }
    while(1);
}
```

三、相关知识—逻辑运算符、逗号运算符、位运算

(一)逗号运算符和逗号表达式

在 C 语言中逗号“,”也是一种运算符,称为逗号运算符。其功能是把两个表达式连接起来组成一个表达式,称为逗号表达式。

其一般形式为:

表达式 1,表达式 2

其求值过程是分别求两个表达式的值,并以表达式 2 的值作为整个逗号表达式的值。

【例 5.4】 逗号运算符举例。

```
main()
{
    int a = 2,b = 4,c = 6,x,y;
    y = (x = a + b),(b + c);
}
```

本例中,y 等于整个逗号表达式的值,也就是表达式 2 的值,x 是表达式 1 的值。对于逗号表达式还要说明两点:

1)逗号表达式。一般形式中的表达式 1 和表达式 2 也可以是逗号表达式。例如:

表达式 1,(表达式 2,表达式 3)

形成了嵌套情形。因此可以把逗号表达式扩展为以下形式:

表达式 1,表达式 2,…表达式 n

整个逗号表达式的值等于表达式 n 的值。

2)程序中使用逗号表达式。通常是要分别求逗号表达式内各表达式的值,并不一定要求整个逗号表达式的值。并不是在所有出现逗号的地方都组成逗号表达式,如在变量说明中,函数参数表中逗号只是用作各变量之间的间隔符。

(二)逻辑运算符和表达式

1. 逻辑运算符极其优先次序

C 语言中提供了三种逻辑运算符:

1)&& 与运算

2)||或运算

3)! 非运算

与运算符 && 和或运算符||均为双目运算符。具有左结合性。非运算符! 为单目运算符,具有右结合性。逻辑运算符和其他运算符优先级的关系可表示如下:

! (非)→&&(与)→||(或)

! (非)
算术运算符
关系运算符
&& 和||
赋值运算符
↑

“&&”和“||”低于关系运算符,“!”高于算术运算符。

按照运算符的优先顺序可以得出:

```
a>b && c>d 等价于 (a>b)&&(c>d)
! b = = c||d<a 等价于 ((! b) = = c)||(d<a)
```

a+b>c&&x+y<b 等价于 ((a+b)>c)&&((x+y)<b)

2. 逻辑运算的值

逻辑运算的值也为“真”和“假”两种，用“1”和“0”来表示。其求值规则如下：

(1)与运算 &&：参与运算的两个量都为真时，结果才为真，否则为假。例如：

```
5>0 && 4>2
```

由于 5>0 为真，4>2 也为真，相与的结果也为真。

(2)或运算||：参与运算的两个量只要有一个为真，结果就为真。两个量都为假时，结果为假。例如：

```
5>0||5>8
```

由于 5>0 为真，相或的结果也就为真。

(3)非运算!：参与运算量为真时，结果为假；参与运算量为假时，结果为真。例如：

```
! (5>0)
```

的结果为假。

虽然 C 编译在给出逻辑运算值时，以“1”代表“真”，“0”代表“假”。但反过来在判断一个量是为“真”还是为“假”时，以“0”代表“假”，以非“0”的数值作为“真”。例如：

由于 5 和 3 均为非“0”因此 5&&3 的值为“真”，即为 1。又如：

5||0 的值为“真”，即为 1。

3. 逻辑表达式

逻辑表达式的一般形式为：

表达式 逻辑运算符 表达式

其中的表达式可以又是逻辑表达式，从而组成了嵌套的情形。例如：

```
(a&&b)&&c
```

根据逻辑运算符的左结合性，上式也可写为：

```
a&&b&&c
```

逻辑表达式的值是式中各种逻辑运算的最后值，以“1”和“0”分别代表“真”和“假”。

(三)位运算

前面介绍的各种运算都是以字节作为最基本位进行的。但在很多系统程序中常要求在位(bit)一级进行运算或处理。C 语言提供了位运算的功能，这使得 C 语言也能像汇编语言一样用来编写系统程序。

1. 位运算符 C 语言提供了六种位运算符

&	按位与
|	按位或

^ 按位异或
~ 取反
<< 左移
>> 右移

2. 按位与运算

按位与运算符“&”是双目运算符。其功能是参与运算的两个数各对应的二进位相与。只有对应的两个二进位均为1时，结果位才为1，否则为0。参与运算的数以补码方式出现。

例如：9&5可写算式如下：

```
  00001001  (9的二进制补码)
& 00000101  (5的二进制补码)
  00000001  (1的二进制补码)
```

可见9&5=1。

按位与运算通常用来对某些位清0或保留某些位。例如把a的高八位清0，保留低八位，可作a&255运算（255的二进制数为0000000011111111）。

【例5.5】 位与运算举例。

```
main()
{
    int a = 9,b = 5,c;
    c = a&b;
}
```

3. 按位或运算

按位或运算符“|”是双目运算符。其功能是参与运算的两个数各对应的二进位相或。只要对应的两个二进位有一个为1时，结果位就为1。参与运算的两个数均以补码出现。

例如：9|5可写算式如下：

```
  00001001
| 00000101
  00001101（十进制为13）
```

可见9|5=13

【例5.6】 按位或运算举例。

```
main()
{
    int a = 9,b = 5,c;
    c = a|b;
}
```

4. 按位异或运算

按位异或运算符“^”是双目运算符。其功能是参与运算的两个数各对应的二进位相异或，当两对应的二进位相异时，结果为 1。参与运算数仍以补码出现，例如 9^5 可写成算式如下：

```
  00001001
^ 00000101
  00001100        (十进制为 12)
```

【例 5.7】 位异或运算举例。

```
main()
{
    int a = 9;
    a = a^5;
}
```

5. 求反运算

求反运算符～为单目运算符，具有右结合性。其功能是对参与运算的数的各二进位按位求反。

例如～9 的运算为：

～(0000000000001001)结果为：1111111111110110

6. 左移运算

左移运算符“＜＜”是双目运算符。其功能把“＜＜”左边的运算数的各二进位全部左移若干位，由“＜＜”右边的数指定移动的位数，高位丢弃，低位补 0。

例如：

a＜＜4

指把 a 的各二进位向左移动 4 位。如 a＝00000011(十进制 3)，左移 4 位后为 00110000(十进制 48)。

7. 右移运算

右移运算符“＞＞”是双目运算符。其功能是把“＞＞”左边的运算数的各二进位全部右移若干位，“＞＞”右边的数指定移动的位数。

例如：

设 a = 15，

a＞＞2

表示把 000001111 右移为 00000011(十进制 3)。

应该说明的是，对于有符号数，在右移时，符号位将随同移动。当为正数时，最高位补 0，而为负数时，符号位为 1，最高位是补 0 或是补 1 取决于编译系统的规定。Turbo C 和很多系统规定为补 1。

【例 5.8】 右移运算举例。

```
main()
```

```
{
    unsigned a,b;
    b = a>>5;
    b = b&15;
}
```

请再看下例。

【例 5.9】 左移右移运算举例。

```
main()
{
    char a = 'a',b = 'b';
    int p,c,d;
    p = a;
    p = (p<<8)|b;
    d = p&0xff;
    c = (p&0xff00)>>8;
}
```

四、能力拓展

【任务】使用 while 语句实现如下流水灯效果。第 1 盏到第 10 盏灯依次点亮,间隔时间自己定义,但不影响视觉效果。

【例 5.10】 do...while...语句实现 10 个指示灯依次点亮。

```
#include<reg52.h>
#define LED_RIGHT P3

void delayms(void)
{
    unsigned char x = 250;
    unsigned char i;
    do
    {
        i = 0;
        do
        {
            i = i + 1;
        }
        while(i<250);
    }
    while(x--);
```

```
}

void main(void)
{
    unsigned char temp = 0x7f;
    unsigned char i = 8;
    do
    {
        LED_RIGHT = temp;
        delayms();
        temp = ~((~temp)>>1);
        i--;
    }
    while(i>0);
    i = 0;
    temp = 0x7f;
    do
    {
        LED_RIGHT = temp;
        delayms();
        temp = ~((~temp)>>1);
        i+ = 1;
    }
    while(i< = 1);
}
```

程序说明：

while(i>0);temp=～((～temp)>>1);i=(i－1);while(i<=1);i+=1 语句中。>、<=为关系运算符;=、－、+=为算术运算符;～、>>为位运算符。

while(i>0):判断表达式“i>0”为真或假,如果为真,则继续执行后面的循环体语句,如果为假,则跳出 while 循环体。

temp=～((～temp)>>1):先 temp 变量值取反,再把该值右移 1 位,再把右移的值取反,最后保存到变量 temp 中。“～”和“>>”为位运算符,表示取反和左移的意思。位运算符一共有 &、|、～、^、<<和>>六种,具体含义参考 C 语言语法知识详细说明。

while(i<=1):判断表达式“i<=1”为真或假,如果为真,则继续执行后面的循环体语句,如果为假,则跳出 while 循环体。

i+=1:变量 i 值加 1,然后再保存到变量 i 中。

【作业】while 语句实现 16 个指示灯依次点亮。

【例 5.11】 do...while...实现 8 个指示灯循环点亮。

```
#include<reg52.h>
#include "intrins.h"
#define LED_LEFT P3
void delayms(void)
{

    unsigned char x = 250;
    unsigned char i;
    do
    {
        i = 0;
        while(i<250)
        {
            i = i + 1;
        }
    }
    while(x--);
}

void main (void)
{
    unsigned char temp;
    unsigned int i;
    do
    {
        i = 8;
        temp = 0x7f;
        do
        {
            LED_LEFT = temp;
            delayms();
            temp = ~((~temp)>>1);
            i- =1;
        }
        while(i>=1);
    }
    while(1);
}
```

程序说明：

do-while 为循环指令其中一种，一般形式为：do 语句 while(表达式)；这个循环与 while 循环的不同在于：它先执行循环中的语句，然后再判断表达式是否为真，如果为真则继续循环；如果为假，则终止循环。因此，do-while 循环至少要执行一次循环语句。

do-while 为先执行语句，再判断 while 里面的表达式真假，而 while 为先判断表达式真假，再执行语句。所以两者是有区别的。具体参考 C 语言语法知识详细说明。

temp＝～((～temp)＞＞1)：先 temp 变量值取反，再把该值左移 1 位，再把左移的值取反，最后保存到变量 temp 中。“～”和“＞＞”为位运算符，表示取反和左移的意思。位运算符一共有 &、|、～、^、＜＜和＞＞六种，具体含义参考 C 语言语法知识详细说明。

i－＝1：该表达式等价于 i=i－1；表示变量 i 的值减 1 再保存到 i 中。“－＝”为算术运算符，算术运算符包括＋、－、*、/、%、++、－－、＝、＋＝、－＝、*＝、/＝和%＝共 13 种，详见 C 语言语法知识。

while(i＞＝1)：与前面的 do 配对使用，并且用一对花括号表示语句范围。“i＞＝1”为 while 语句的表达式，这里要判断“i＞＝1”是真是假，如果是真，则继续执行与 while 配对的 do 指令后面的语句，如果是假，则往下执行。

while(1)：与前面的 do 配对使用，并且用一对花括号表示语句范围。“1”为 while 语句的表达式，这里要判断表达式是真是假。因为“1”表示真，则说明继续执行与 while 配对的 do 指令后面的语句，并且一直死循环。

作业：do... while... 语句实现 8 个指示灯依次点亮，反复循环；

作业：do... while... 语句实现 16 个指示灯依次点亮，反复循环。

任务：读懂案例程序 4.1.8 效果并软件仿真验证。

【例 5.12】 10 个 LED 依次点亮设计。

```
#include<reg52.h>
#include"intrins.h"
#define LED_LEFT P3
#define LED_RIGHT P3
void main(void)
{
    unsigned int k = 10000;
    LED_LEFT = 0xfe;
    do
    {
        while(--k){;}
        LED_LEFT = (LED_LEFT<<1) | 0x01;
        if(LED_LEFT = = 0xff)LED_RIGHT = 0x7f;
        k = 10000;
        do
        {
            while(--k);
```

```
            LED_RIGHT = (LED_RIGHT>>1) | 0x80;
            if(LED_RIGHT = = 0xff)
            {
                LED_LEFT = 0xfe;
                LED_RIGHT = 0xff;
            }
        }
        while(LED_LEFT = = 0xff);
    }
    while(1);
}
```

任务:对8个指示灯进行流水灯设计。实现如下效果:1个指示灯从左到右依次点亮,然后从右到左依次点亮;点亮灯盏数从1到8增加,然后反方向,依次循环。

【例5.13】 8个LED灯来回依次亮。

```
#include<reg52.h>                          //51系列单片机定义的系统头文件
#include"intrins.h"
#define LED_LEFT P3
#define uchar unsigned char                //定义无符号字符型缩写形式
#define uint unsigned int                  //定义无符号整型【宏定义】
void delayms(unsigned char x)
{
    unsigned char i;
    while(x--)
    {
        for(i = 250;i>0;i--);
    }
}
void main(void)
{
    uint i;                                //注意格式
    uchar temp;                            //注意格式
    while(1)
    {
        temp = 0x01;                       //赋值
        for(i = 0;i<8;i++)                 //8个流水灯逐个闪动
        {
            LED_LEFT = (~temp);            //取反
            delayms(100);                  //调用延时函数
```

```
            temp<<=1;                    //移位
        }
        temp=0x80;
        for(i=0;i<8;i++)                 //8个流水灯反向逐个闪动
        {
            LED_LEFT=(~temp);            //取反
            delayms(100);                //调用延时函数
            temp>>=1;                    //移位
        }
        temp=0xFE;                       //赋值
        for(i=0;i<8;i++)                 //8个流水灯依次全部点亮
        {
            LED_LEFT=temp;               //赋值
            delayms(100);                //调用延时函数
            temp<<=1;                    //移位
        }
        temp=0x7F;
        for(i=0;i<8;i++)                 //8个流水灯依次反向全部点亮
        {
            LED_LEFT=temp;
            delayms(100);                //调用延时函数
            temp>>=1;
        }
    }
}
```

程序说明：

#define uchar unsigned char：定义一个宏。定义宏后，程序中用户可以用 uchar 代替 unsigned char。

在前面各章中，多次使用过以“#”号开头的预处理命令。如包含命令#include，宏定义命令#define 等。在源程序中这些命令都放在函数之外，而且一般都放在源文件的前面，它们称为预处理部分。所谓预处理是指在进行编译的第一遍扫描（词法扫描和语法分析）之前所作的工作。预处理是 C 语言的一个重要功能，它由预处理程序负责完成。当对一个源文件进行编译时，系统将自动引用预处理程序对源程序中的预处理部分作处理，处理完毕自动进入对源程序的编译。C 语言提供了多种预处理功能，如宏定义、文件包含、条件编译等。合理地使用预处理功能编写的程序便于阅读、修改、移植和调试，也有利于模块化程序设计。详细参考 C 语言关于宏定义知识。

#define uint unsigned int：对 unsigned int 宏定义，定义为 uint。程序中可以直接使用 uint，表示 unsigned int 的意思。

uint i：等价于“unsigned int i”。

uchar temp:等价于“unsigned char temp”。

作业:自由发挥编程实现闪烁效果。

任务二　跑马灯设计与实现

一、任务要求

实现跑马灯效果,要求8个LED灯从左到右依次无限次循环等效果。

二、具体实现

【例5.14】 实现跑马灯效果。

```
#include<reg52.h>
#include"intrins.h"
#define LED_LEFT P3

void delayms(unsigned char x)
{
    unsigned char i;
    while(x--)
    {
        for(i=250;i>0;i--);
    }
}

void main (void)
{
    unsigned char temp;
    unsigned int t=300;
    unsigned char n=1;
    while(1)
    {
        temp=0x7f;
        for(n=1;n<=7;n++)
        {
            LED_LEFT=temp;
            delayms(t);
            LED_LEFT=0xff;
            delayms(t);
```

```
            temp = (temp>>1);
        }
    }
}
```

任务:用 for 语句实现 16 个指示灯流水灯效果并仿真实现。

【例 5.15】 for 语句实现。

```
#include<reg52.h>
#include"intrins.h"
#define LED_LEFT P3
void delayms(unsigned char x)
{
    unsigned char i;
    while(x--)
    {
        for(i = 250;i>0;i--);
    }

}

void main(void)
{
    unsigned char temp;
    unsigned char j;
    while(1)
    {
        temp = 0x7f;
        for(j = 8;j>0;j--)
        {
            LED_LEFT = temp;
            temp = (~((~temp)>>1));
            delayms(300);
        }
        temp = 0xfe;
        for(j = 0;j<8;j++)
        {
            LED_LEFT = temp;
            temp = (~((~temp)<<1));
```

```
            delayms(300);
        }
    }


}
```

程序说明：

while(1)：判断 while 语句小括号里面的值为真或假，“1”永远表示真，“0”永远表示假，所以 while 语句小括号里面的值永远为真，一直循环执行 while 后面花括号的所有语句。

for(j=8;j>0;j——)：在 C 语言中，for 语句使用最为灵活，它完全可以取代 while 语句。它的一般形式为：for(表达式 1；表达式 2；表达式 3) 语句。它的执行过程如下：①先求解表达式 1；②求解表达式 2，若其值为真(非 0)，则执行 for 语句中指定的内嵌语句，然后执行下面第③步；若其值为假(0)，则结束循环，转到第⑤步；③求解表达式 3；④转回上面第②步继续执行；⑤循环结束，执行 for 语句下面的一个语句。详见 C 语言语法知识。

该语句含义为：①变量 j 等于常量 8；②判断变量 j 大于 0?；③因“j>0”为真，则执行 for 语句后面花括号中的内嵌语句；④执行“j——”，变量 j 的值减 1，然后跳到第 2 步继续判断；依次类推。“——”为算术运算符，“j——”等价于“j=j－1”，对变量 j 减 1 操作。

for(j=0;j<8;j++)：按照上面的方法，同学们自己解释该语句的含义和执行步骤。“++”为算术运算符，“j++”等价于“j=j+1”，对变量 j 加 1 操作。

【例 5.16】 16 个指示灯循环流水灯显示。

```
#include<reg52.h>
#include"intrins.h"
#define LED_LEFT P3
#define LED_RIGHT P2
void delayms(unsigned int x)
{
    unsigned char i;
    while(x--)
    {
        for(i=0;i<250;i++);
    }
}

void main(void)
{
    unsigned char temp;
    unsigned char temp1=0x7f;
    unsigned char i;
```

```
    temp = 0x7f;
    LED_LEFT = temp;
    delayms(500);
    while(1)
    {
        for(i = 7;i>0;i--)
        {
            temp = (~((~temp)>>1));
            LED_LEFT = temp;
            delayms(500);
        }
        for(i = 7;i>0;i--)
        {
            temp1 = (~((~temp1)>>1));
            LED_RIGHT = temp1;
            delayms(500);
        }
        for(i = 7;i>0;i--)
        {
            temp1 = (~((~temp1)<<1));
            LED_RIGHT = temp1;
            delayms(500);
        }
        for(i = 7;i>0;i--)
        {
            temp = (~((~temp)<<1));
            LED_LEFT = temp;
            delayms(500);
        }
    }
}
```

三、相关知识—循环结构、for 指令

(一)循环结构

循环结构是程序中一种很重要的结构。其特点是,在给定条件成立时,反复执行某程序段,直到条件不成立为止。给定的条件称为循环条件,反复执行的程序段称为循环体。C 语言提供了多种循环语句,可以组成各种不同形式的循环结构。

1)用goto语句和if语句构成循环；

2)用while语句；

3)用do... while...语句；

4)用for语句。

(二)for语句

在C语言中，for语句使用最为灵活，它完全可以取代while语句。它的一般形式为：

```
for(表达式1;表达式2;表达式3)
{
    语句
}
```

它的执行过程如下：

1)先求解表达式1；

2)求解表达式2，若其值为真(非0)，则执行for语句中指定的内嵌语句，然后执行下面第3)步；若其值为假(0)，则结束循环，转到第5)步；

3)求解表达式3；

4)转回上面第2)步继续执行；

5)循环结束，执行for语句下面的一个语句。

其执行过程可用图5-6表示。

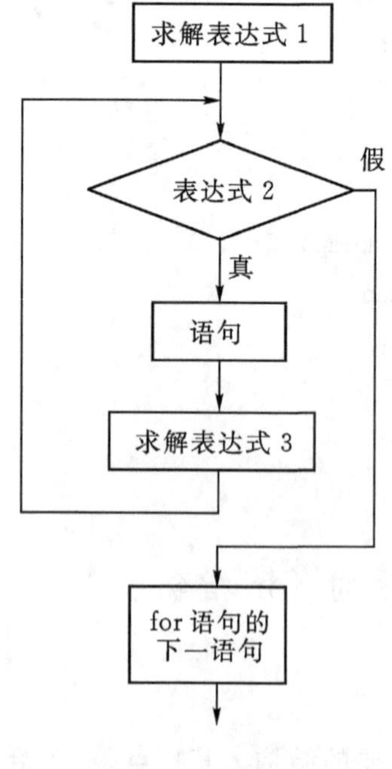

图5-6 流程图

for语句最简单的应用形式也是最容易理解的形式如下：

for(循环变量赋初值;循环条件;循环变量增量) 语句

循环变量赋初值总是一个赋值语句，它用来给循环控制变量赋初值；循环条件是一个关系表达式，它决定什么时候退出循环；循环变量增量，定义循环控制变量每循环一次后按什么方式变化。这三个部分之间用“;”分开。例如：

```
for(i = 1; i< = 100; i++)sum = sum + i;
```

先给i赋初值1，判断i是否小于等于100，若是则执行语句，之后值增加1。再重新判断，直到条件为假，即i>100时，结束循环。

相当于：

```
i = 1;
while(i< = 100)
{
    sum = sum + i;
    i++;
}
```

对于for循环中语句的一般形式，就是如下的while循环形式：

```
表达式1;
while(表达式2)
{
    语句
    表达式3;
}
```

注意：

1)for循环中的“表达式1(循环变量赋初值)”、“表达式2(循环条件)”和“表达式3(循环变量增量)”都是选择项，即可以缺省，但“;”不能缺省。

2)省略了“表达式1(循环变量赋初值)”，表示不对循环控制变量赋初值。

3)省略了“表达式2(循环条件)”，则不做其他处理时便成为死循环。

例如：

```
for(i = 1;;i++)sum = sum + i;
```

相当于：

```
i = 1;
while(1)
{sum = sum + i;
    i++;
}
```

4)省略了“表达式3(循环变量增量)”，则不对循环控制变量进行操作，这时可在语句体中加入修改循环控制变量的语句。

例如：

```
for(i = 1;i< = 100;)
{
    sum = sum + i;
    i ++ ;
}
```

5)省略了“表达式1(循环变量赋初值)”和“表达式3(循环变量增量)”，相当于无初始值和增减量控制。

例如：

```
for(;i< = 100;)
{
    sum = sum + i;
    i ++ ;
}
```

相当于：

```
while(i< = 100)
    {sum = sum + i;
    i ++ ;}
```

6)3个表达式都可以省略。

例如：

```
for(;;)语句
```

相当于：

while(1)语句

7)表达式1可以是设置循环变量的初值的赋值表达式，也可以是其他表达式。

例如：

```
for(sum = 0;i< = 100;i ++ )sum = sum + i;
```

8)表达式1和表达式3可以是一个简单表达式也可以是逗号表达式。

```
for(sum = 0,i = 1;i< = 100;i ++ )sum = sum + i;
```

或：

```
for(i = 0,j = 100;i< = 100;i ++ ,j -- )k = i + j;
```

9)表达式2一般是关系表达式或逻辑表达式，但也可是数值表达式或字符表达式，只要其值非零，就执行循环体。

例如：

```
for(i = 0;(c = getchar())! = '\\n';i + = c);
```

又如：

```
for(;(c = getchar())! = '\\n';)
```

(三)循环的嵌套

【例 5.17】 循环 for 嵌套。

```
main()
{
    int i, j, k;
    for (i = 0; i<2; i++)
      for(j = 0; j<2; j++)
        for(k = 0; k<2; k++)
}
```

本程序使用 3 个 for 指令,表示三重嵌套 for 循环。

(四)几种循环的比较

1)四种循环都可以用来处理同一个问题,一般可以互相代替。

2)while 和 do-while 循环,循环体中应包括使循环趋于结束的语句。for 语句功能最强。

3)用 while 和 do-while 循环时,循环变量初始化的操作应在 while 和 do-while 语句之前完成,而 for 语句可以在表达式 1 中实现循环变量的初始化。

(五)break 和 continue 语句

1. break 语句

break 语句通常用在循环语句和开关语句中。当 break 用于开关语句 switch 中时,可使程序跳出 switch 而执行 switch 以后的语句;如果没有 break 语句,则将成为一个死循环而无法退出。break 在 switch 中的用法已在前面介绍开关语句时的例子中碰到,这里不再举例。

当 break 语句用于 do-while、for、while 循环语句中时,可使程序终止循环而执行循环后面的语句, 通常 break 语句总是与 if 语句联在一起。即满足条件时便跳出循环。

【例 5.18】 break 语句举例。

```
main()
{
    int i = 0;
    char c;
    while(1)                          /* 设置循环 */
    {
```

```
        c = '\\0';                    /* 变量赋初值 */
        while(c! =13&&c! =27)         /* 键盘接收字符直到按回车或Esc键 */
        {
          c = getch();
        }
        if(c = =27)
          break;                      /* 判断若按Esc键则退出循环 */
        i ++ ;
      }
  }
```

注意：

1)break 语句对 if-else 的条件语句不起作用。

2)在多层循环中，一个 break 语句只向外跳一层。

3. continue 语句

continue 语句的作用是跳过本循环中剩余的语句而强行执行下一次循环。continue 语句只用在 for、while、do-while 等循环体中，用来加速循环，但与 break 有区别。其执行过程与 break 流程图区别如 5 - 7 所示。

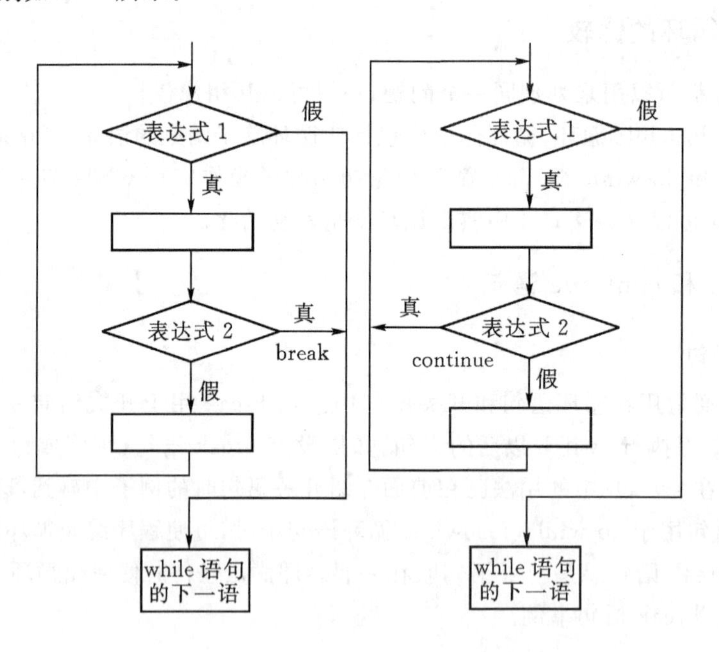

图 5 - 7　break 与 continue 流程图区别

1) while(表达式 1)

```
{…
    if(表达式 2)break;
 …
```

```
}
2) while(表达式 1)
{…
    if(表达式 2)continue;
 …
}
```

【例 5.19】 Contimue 指令举例。

```
main()
{
    char c;
    while(c! =13)              /*不是回车符则循环*/
    {
      c=getch();
      if(c==0X1B)
      continue;                /*若按 Esc 键不输出便进行下次循环*/
    }
}
```

四、能力拓展

任务:编程实现花样流水灯:16 个指示灯闪烁 5 次,然后同时点亮 2 个指示灯依次从左到右流动,直到第 16 个指示灯,再从右到左依次流动;第三步:第 4、5、12、13 灯亮;第 3、4、5、6、11、12、13、14 灯亮;第 2、3、4、5、6、7、10、11、12、13、14、15 灯亮;第 1、2、3、4、5、6、7、10、11、12、13、14、15、16 灯亮,依次循环。

【例 5.20】 花样流水灯设计并实现。

```
#include <reg52.h>
#include "intrins.h"
void main()
{
    unsigned int temp1=0xfffc,temp2; //【变量及定义】
    unsigned char va1,va2,va3,temp;  //【变量及定义】
    unsigned char i;
    while(1)                         //while 循环语句
    {
      i=0;
      while(i<6)                     // while 循环语句
      {
        LED_LEFT=0x00;
```

```
        LED_RIGHT = 0x00;
        delayms(150);
        LED_LEFT = 0xff;
        LED_RIGHT = 0xff;
        delayms(150);
        i++;
        i% =10;                     //【算术运算】
    }
    temp2 = temp1;                  //变量 temp2 值等于变量 temp1
    for(i=16;i>0;i--)               //for 循环语句
    {
        va1=(temp2/256);            //【算术运算】
        va2=(temp2%256);            //【算术运算】
        LED_LEFT = va2;             //变量 LED_LEFT 值等于变量 va2
        LED_RIGHT = va1;
        temp2 = (~((~temp2)<<1));
        delayms(100);
    }
    temp2 = 0x3fff;
    for(i=0;i<16;i++)
    {
        va1=(temp2>>8);             //变量 va1 值等于变量 temp2 值右移 8 位
        va2=(temp2&0x00ff);         //变量 va2 值等于变量 temp2 值和 0x00ff 相与
        LED_LEFT = va2;
        LED_RIGHT = va1;
        delayms(100);
        temp2 = (~((~temp2)>>1));
    }
    va3 = 0xe7;
    i = 0x00;
    do                              //do...while...循环语句
    {
        LED_LEFT = va3;
        LED_RIGHT = va3;
        delayms(100);
        temp = va3;
        va1 = ((temp<<1)&0xf0);
        temp = va3;
        va2 = ((temp>>1)&0x0f);
```

```
        va3 = (va1 + va2);              //变量 va3 值等于变量 va1 与 va2 之和
        i++;
      }
      while(i<4);                       //do...while...循环语句
      va3 = 0x81;
      i = 0x00;
      while(i<4)                        //while 循环语句
      {
        LED_LEFT = va3;
        LED_RIGHT = va3;
        delayms(100);
        temp =  va3;
        va1 = (~(((~va3)>>1)|0x0f));
        temp =  va3;
        va2 = (~(((~va3)<<1)|0xf0));
        va3 = (va1 + va2);
        i++;
      }
    }
}
```

程序说明：

1)本案例程序包含 for、while、do... while... 三种循环指令语句，通过本案例程序，学习者能更好的掌握并理解不同循环指令的使用方法。

2)本案例程序包含部分运算符、变量类型、表达式等基本语法知识。

unsigned int temp1=0xfffc,temp2：定义无符号整型变量 temp1 和 temp2，其中 temp1 初始值为 0xfffc。整型数据大小为 16 位二进制。

unsigned char va1,va2,va3,temp：定义无符号字符型 va1、va2、va3、temp 四个变量。

i++：对变量 i 进行加 1 操作，等价于“i=i+1”或“i+=1”表达式。

i%=10：等价于“i=i%10”，%表示余数意思。本语句含义为：变量 i 值除以 10 的余数保存到变量 i 中。

for(i=16;i>0;i--)：for 循环语句，循环 15 次。

va1=(temp2/256)：变量 temp2 值除以常量 256，把除数的商保存到变量 temp2 中。“/”为算术运算符，求商的意思。

va2=(temp2%256)：变量 temp2 值除以常量 256，把除数的余数保存到变量 temp2 中。“%”为算术运算符，求余的意思。

for(i=0;i<16;i++)：for 循环语句，循环 15 次。

va1=(~(((~va3)>>1)|0x0f))：va3 取反后右移 1 位，结果值和 0x0f 相与，再把结果值取反，最后保存到变量 va1 中。

va2=(~(((~va3)<<1)|0xf0))：va3 取反后左移 1 位，结果值和 0xf0 相与，再把结果

值取反，最后保存到变量 val 中。

【例 5.21】 花样流水灯设计。

```
#include<reg52.h>
#include"intrins.h"
#define LED_LEFT P3

void delayms(unsigned int x)
{
    unsigned char i;
    while(x--)
    {
        for(i=0;i<250;i++);
    }
}

void main(void)
{
    unsigned char temp;
    while(1)
    {
        unsigned int t=300;
        unsigned char n=1;
        temp=0x7f;
        for(n=1;n<=7;n++)
        {
            delayms(t);
            temp=(temp>>1);
            LED_LEFT=temp;
            delayms(t);
            LED_LEFT=0xff;
        }
    }
}
```

作业：自由发挥编程实现花样流水灯效果。

【例 5.22】 10 个 LED 灯花样流水灯设计。

```
#include <reg52.h>
#include "intrins.h"
#define LED_LEFT P3
```

```
#define LED_RIGHT P2
void main(void)
{
    unsigned int k=10;
    LED_LEFT=0xfe;
    while(1)
    {
      while(--k){;}                              //说明
      LED_LEFT=(LED_LEFT<<1) | 0x01;
      if(LED_LEFT==0xff) LED_RIGHT = 0x7f;       //说明
      while(LED_LEFT==0xff)
      {
        while(--k);                              //说明
        LED_RIGHT=(LED_RIGHT>>1) | 0x80;
        if(LED_RIGHT==0xff)
        {
            LED_LEFT=0xfe;
            LED_RIGHT=0xff;
        }
      }
    }
}
```

任务:对8个指示灯进行流水灯设计。实现如下效果:1个指示灯从左到右依次点亮,然后从右到左依次点亮;点亮灯盏数从1到8增加,然后反方向,依次循环。

【例5.23】 8个LED灯依次来回点亮。

```
#include<reg52.h>              //51系列单片机定义的系统头文件
#include"intrins.h"
#define uchar unsigned char    //定义无符号字符型缩写形式
#define uint unsigned int      //定义无符号整型【宏定义】
#define LED_LEFT P3
void main(void)
{
    uint i;                    //注意格式
    uchar temp;                //注意格式
    while(1)
    {
        temp=0x01;             //赋值
        for(i=0;i<8;i++)       //8个流水灯逐个闪动
```

```
        {
            LED_LEFT = (~temp); //取反
            delayms(100);        //调用延时函数
            temp<< = 1;          //移位
        }
        temp = 0x80;
        for(i = 0;i<8;i++)      //8个流水灯反向逐个闪动
        {
            LED_LEFT = (~temp); //取反
            delayms(100);        //调用延时函数
            temp>> = 1;          //移位
        }
        temp = 0xFE;             //赋值
        for(i = 0;i<8;i++)      //8个流水灯依次全部点亮
        {
            LED_LEFT = temp;     //赋值
            delayms(100);        //调用延时函数
            temp<< = 1;          //移位
        }
        temp = 0x7F;
        for(i = 0;i<8;i++)      //8个流水灯依次反向全部点亮
        {
            LED_LEFT = temp;
            delayms(100);        //调用延时函数
            temp>> = 1;
        }
    }
}
```

程序说明：

#define uchar unsigned char：定义一个宏。定义宏后，程序中用户可以用 uchar 代替 unsigned char。

#define uint unsigned int：对 unsigned int 宏定义，定义为 uint。程序中可以直接使用 uint，表示 unsigned int 的意思。

uint i：等价于"unsigned int i"。

uchar temp：等价于"unsigned char temp"。

任务：编程实现花样流水灯：16 个指示灯闪烁 5 次，然后同时点亮 2 个指示灯依次从左到右流动，直到第 16 个指示灯，再从右到左依次流动；第三步：第 4、5、12、13 灯亮；第 3、4、5、6、11、12、13、14 灯亮；第 2、3、4、5、6、7、10、11、12、13、14、15 灯亮；第 1、2、3、4、5、6、7、10、11、12、13、14、15、16 灯亮，依次循环。

项目六　交通灯设计与实现

项目目标导读

知识目标

(1)掌握C语言程序循环结构设计方法;

(2)熟悉交通灯工作原理及硬件结构;

(3)掌握 while、do... while...、for 等循环指令使用方法;

(4)熟悉C语言算法、流程图知识;

(5)熟悉C语言模块化编程思想。

能力目标

(1)能熟练应用变量、运算符、条件、循环等指令编写基本程序并调试运行;

(2)能画出 LED 灯硬件控制框架图;

(3)会使用方框图画程序流程图;

(4)理解算法和流程图的地位;

(5)能按照模块化编程思想编写基本的C语言程序。

项目背景

交通信号灯又称交通灯或信号灯或红绿灯,它通常指由红、黄、绿三种颜色灯组成用来指挥交通的信号灯。红绿灯(交通信号灯)系以规定之时间上交互更迭之光色讯号,设置于交岔路口或其他特殊地点,用以将道路通行权指定给车辆驾驶人与行人,管制其行止及转向的交通管制设施。

19世纪初,在英国中部的约克城,红、绿装分别代表女性的不同身份。其中,着红装的女人表示我已结婚,而着绿装的女人则是未婚者。后来,英国伦敦威斯敏斯会议大楼前经常发生马车轧人的事故,于是人们受到红绿装启发,1868年12月10日,信号灯家族的第一个成员就在伦敦议会大厦的广场上诞生了,由当时英国铁路信号工程师德·哈特设计、制造的灯柱高7米,上面挂着一盏红、绿两色的提灯——煤气交通信号灯,这是第一盏信号灯。在灯的脚下,一名手持长杆的警察牵动皮带转换提灯的颜色。后来在信号灯的中心装上煤气灯罩,它的前面有两块红、绿玻璃交替遮挡。不幸的是只面世23天的煤气灯突然爆炸自灭,使一位正在值勤的警察也因此断送了性命。从此,城市的交通信号灯被取缔了。直到1914年,在美国的克利夫兰市才率先恢复了红绿灯,不过这时已是“电气信号灯”。后来在纽约和芝加哥等城市,也相继重新出现了交通信号灯。

随着各种交通工具的发展和交通指挥的需要,第一盏名副其实的三色灯(红、黄、绿三种标志)于1918年诞生。它是三色圆形四面投影器,被安装在纽约市五号街的一座高塔上,它的诞生,使城市交通大为改善。黄色信号灯的发明者是我国的胡汝鼎,他怀着“科学救国”的抱负到美国深造,在大发明家爱迪生为董事长的美国通用电器公司任职员。一天,他站在繁华的十字路口等待绿灯信号，当他看到红灯而正要过去时，一辆转弯的汽车呼地一声擦身而过，吓了他一身冷汗。回到宿舍，他反复琢磨，终于想到在红、绿灯中间再加上一个黄色信号灯，提醒人们注意危险。他的建议立即得到有关方面的肯定。于是红、黄、绿三色信号灯即以一个完整的马路工具出现在世界上。

通过对交通指挥灯效果分析，了解指挥灯工作原理，掌握编程实现方法，利用C语言知识，实现指挥灯控制效果及仿真。

任务一 交通灯程序流程图设计

一、任务要求

东西、南北两干道交于一个十字路口，各干道有一组红、黄、绿三色的指示灯，指挥车辆和行人安全通行。红灯亮禁止通行，绿灯亮允许通行。黄灯亮提示人们注意红、绿灯的状态即将切换，且黄灯燃亮时间为东西、南北两干道的公共停车时间。指示灯亮灭的方案如表6-1。

表6-1 指示灯亮灭的方案

	25S	5S	25S	5S	……
东西道	红灯亮	红灯亮	绿灯亮	黄灯亮	……
南北道	绿灯亮	黄灯亮	红灯亮	红灯亮	……

上表说明：

(1)当东西方向为红灯，此道车辆禁止通行，东西道行人可通过；南北道为绿灯，此道车辆通过，行人禁止通行。时间为25秒。

(2)黄灯5秒，警示车辆和行人红、绿灯的状态即将切换。

(3)当东西方向为绿灯，此道车辆通行；南北方向为红灯，南北道车辆禁止通过，行人通行。时间为25秒。

(4)这样如上表的时间和红、绿、黄出现的顺序依次出现这样行人和车辆就能安全畅通的通行。

要求：按照流程图规则，画出交通灯编程的流程图。

二、具体实现

按照交通灯工作原理如图6-1所示，流程图的算法表示方法，利用起至框、输入输出框、判断框、处理框、流程线及连接点画的流程图如图6-2所示。

三、相关知识—算法、流程图

一个程序应包括：

1)对数据的描述。在程序中要指定数据的类型和数据的组织形式，即数据结构(data structure)。

2)对操作的描述。即操作步骤，也就是算法(algorithm)。

Nikiklaus Wirth提出的公式：

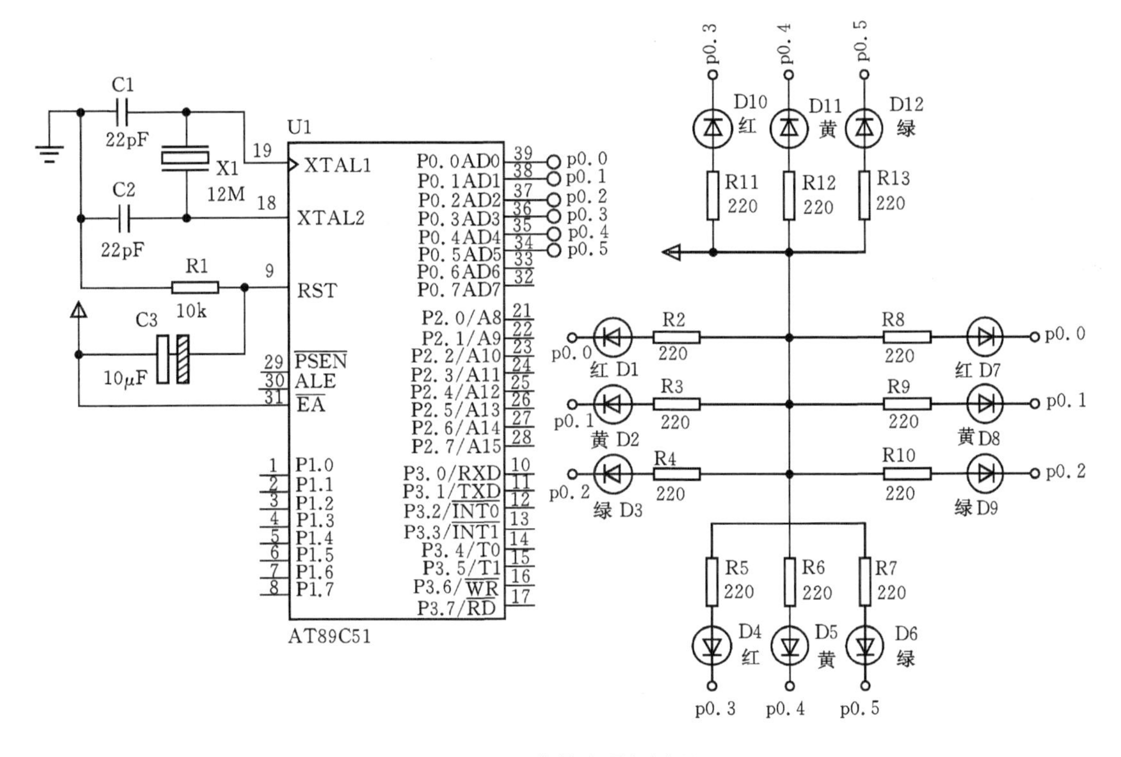

图 6－1　符号交通灯原理

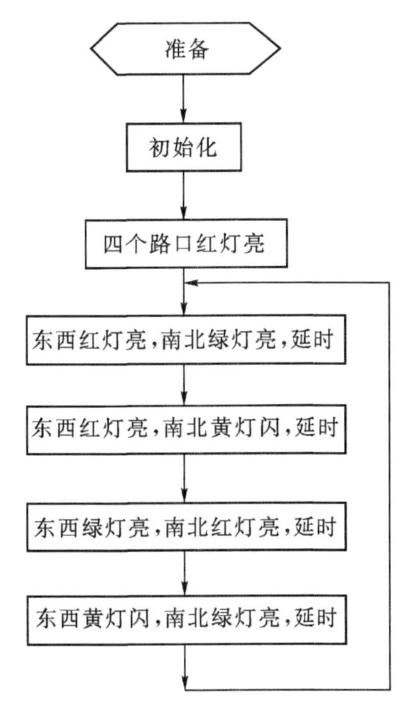

图 6－2　流程图

数据结构 + 算法 = 程序

本教材认为：

程序 = 算法 + 数据结构 + 程序设计方法 + 语言工具和环境

这4个方面是一个程序设计人员所应具备的知识。

本课程的目的是使大家知道怎样编写一个C程序，进行编写程序的初步训练，因此，只介绍算法的初步知识。

(一)算法的概念

做任何事情都有一定的步骤。为解决一个问题而采取的方法和步骤，就称为算法。计算机能够执行的算法称为计算机算法。

计算机算法可分为两大类：

① 数值运算算法：求解数值；

② 非数值运算算法：事务管理领域。

简单算法举例：

【例6.1】 求1×2×3×4×5。

最原始方法：

步骤1：先求1×2，得到结果2。

步骤2：将步骤1得到的乘积2乘以3，得到结果6。

步骤3：将6再乘以4，得24。

步骤4：将24再乘以5，得120。

这样的算法虽然正确，但太繁。改进的算法：

S1：使 $t=1$

S2：使 $i=2$

S3：使 $t\times i$，乘积仍然放在在变量 t 中，可表示为 $t\times i\rightarrow t$

S4：使 i 的值+1，即 $i+1\rightarrow i$

S5：如果 $i\leqslant 5$，返回重新执行步骤S3以及其后的S4和S5；否则，算法结束。

如果计算100！只需将S5：若 $i\leqslant 5$ 改成 $i\leqslant 100$ 即可。

如果该求1×3×5×7×9×11，算法也只需做很少的改动：

S1：$1\rightarrow t$

S2：$3\rightarrow i$

S3：$t\times i\rightarrow t$

S4：$i+2\rightarrow t$

S5：若 $i\leqslant 11$，返回S3；否则，结束。

该算法不仅正确，而且是计算机较好的算法，因为计算机是高速运算的自动机器，实现循环轻而易举。

思考：若将S5写成：S5：若 $i<11$，返回S3；否则，结束。

【例 6.2】 有 50 个学生，要求将他们之中成绩在 80 分以上者打印出来。

如果，n 表示学生学号，n_i表示第个学生学号；g 表示学生成绩，g_i表示第个学生成绩；则算法可表示如下：

S1：$1 \rightarrow i$

S2：如果 $g_i \geqslant 80$，则打印 n_i 和 g_i，否则不打印

S3：$i+1 \rightarrow i$

S4：若 $i \leqslant 50$，返回 S2，否则，结束。

【例 6.3】 判定 2000～2500 年中的每一年是否闰年，将结果输出。

闰年的条件：能被 4 整除，但不能被 100 整除的年份；能被 100 整除，又能被 400 整除的年份；

设 y 为被检测的年份，则算法可表示如下：

S1：$2000 \rightarrow y$

S2：若 y 不能被 4 整除，则输出 y“不是闰年”，然后转到 S6

S3：若 y 能被 4 整除，不能被 100 整除，则输出 y“是闰年”，然后转到 S6

S4：若 y 能被 100 整除，又能被 400 整除，输出 y“是闰年”否则输出 y“不是闰年”，然后转到 S6

S5：输出 y“不是闰年”

S6：$y+1 \rightarrow y$

S7：当 $y \leqslant 2500$ 时，返回 S2 继续执行，否则，结束。

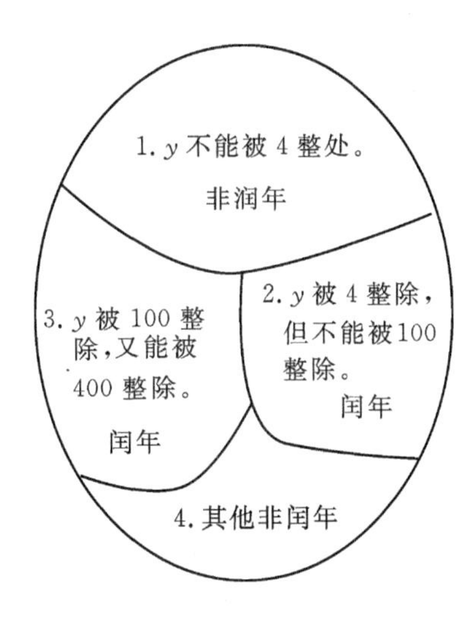

图 6－3　例 6.3 图

【例 6.4】 求 $1-\frac{1}{2}+\frac{1}{3}-\frac{1}{4}+\ldots+\frac{1}{99}-\frac{1}{100}$。

算法可表示如下：

S1：sigh=1

S2：sum=1

S3：deno=2

S4：sigh=(−1)×sigh

S5：sum= sigh×(1/deno)

S6：sum=sum+term

S7：deno= deno +1

S8：若 deno≤100,返回 S4;否则,结束。

【例 6.5】 对一个大于或等于 3 的正整数,判断它是不是一个素数。

算法可表示如下：

S1：输入 n 的值

S2：$i=2$

S3：n 被 i 除,得余数 r

S4：如果 $r=0$,表示 n 能被 i 整除,则打印 n“不是素数”,算法结束;否则执行 S5

S5：$i+1 \rightarrow i$

S6：如果 $i \leqslant n-1$,返回 S3;否则打印 n“是素数”;然后算法结束。

改进：

S6：如果 $i \leqslant \sqrt{n}$,返回 S3;否则打印 n“是素数”;然后算法结束。

算法的特性：

① 有穷性:一个算法应包含有限的操作步骤而不能是无限的。

② 确定性:算法中每一个步骤应当是确定的,而不能应当是含糊的、模棱两可的。

③ 有零个或多个输入。

④ 有一个或多个输出。

⑤ 有效性:算法中每一个步骤应当能有效地执行,并得到确定的结果。

对于程序设计人员,必须会设计算法,并根据算法写出程序。

(二)算法表示

为了表示一个算法,可以用不同的方法。常用的方法有:自然语言、传统流程图、结构化流程图、伪代码、PAD 图等。

1. 用自然语言表示算法

算法是用自然语言来表示的,自然语言就是人们日常使用的语言,可以是汉语、英语,或其他语言。用自然语言表示通俗易懂,但文字冗长,容易出现歧义性。自然语言表示的含义往往不大严格,要根据上下文才能判断其正确含义。假如有这样一句话;“张先生对李先生说他的孩子考上了大学”。请问是张先生的孩子考上大学呢还是李先生的孩子考上大学呢？只从这句话本身难以判断。此外,用自然语言来描述包含分支和循环的算法,很不方便。因此,除了那些很简单的问题以外,一般不用自然语言描述算法。

2. 用流程图表示算法

流程图表示算法,直观形象,易于理解。流程圈是用一些图框来表示各种操作。用图形表示算法,直观形象,易于理解。美国国家标准化协会 ANSI(American National Standard institute)规定了一些常用的流程图符号,已为世界各国程序工作者普遍采用。下图 6-4 中菱形框的作用是对一个给定的条件进行判断,根据给定的条件是否成立决定如何执行其后的操作。它有一个入口，两个出口。连接点(小圆圈)是用于将画在不同地方的流程线连接起来。注释框不是流程图中必要的部分，不反映流程和操作，只是为了对流程图中某些框的操作作必要的补充说明，以帮助阅读流程图的人更好地理解流程图的作用，如图 6-4 所示。

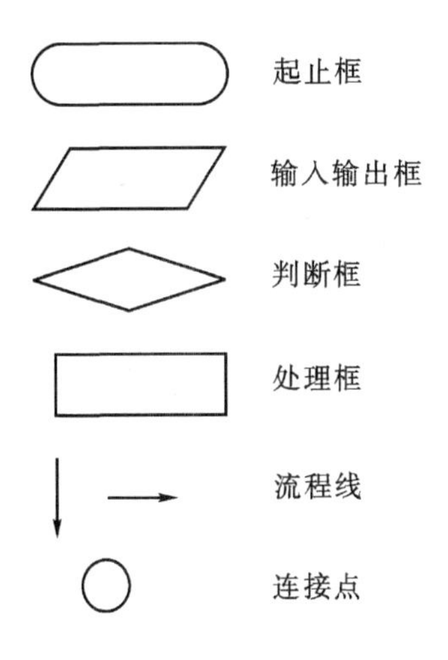

图 6-4　流程图基本元素

【例 6.6】 将例 6.1 求 5! 的算法用流程图表示，如图 6-5 所示。

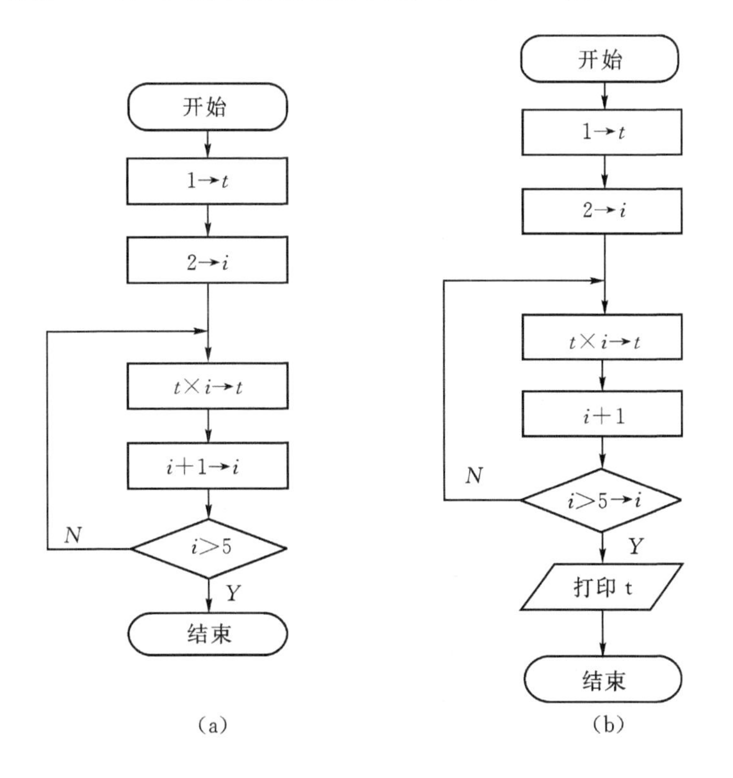

图 6-5　例 6.1 的流程图

【例 6.7】 将例 6.2 的算法用流程图表示,如图 6-6 所示。

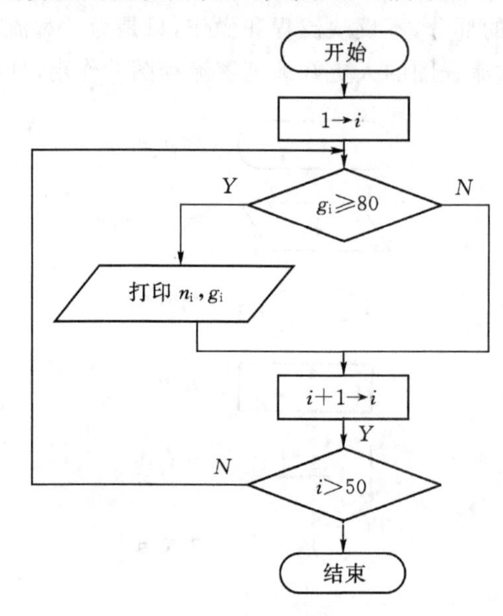

图 6-6 例 6.2 的流程图

【例 6.8】 将例 6.3 判定闰年的算用流程图表示,如图 6-7 所示。

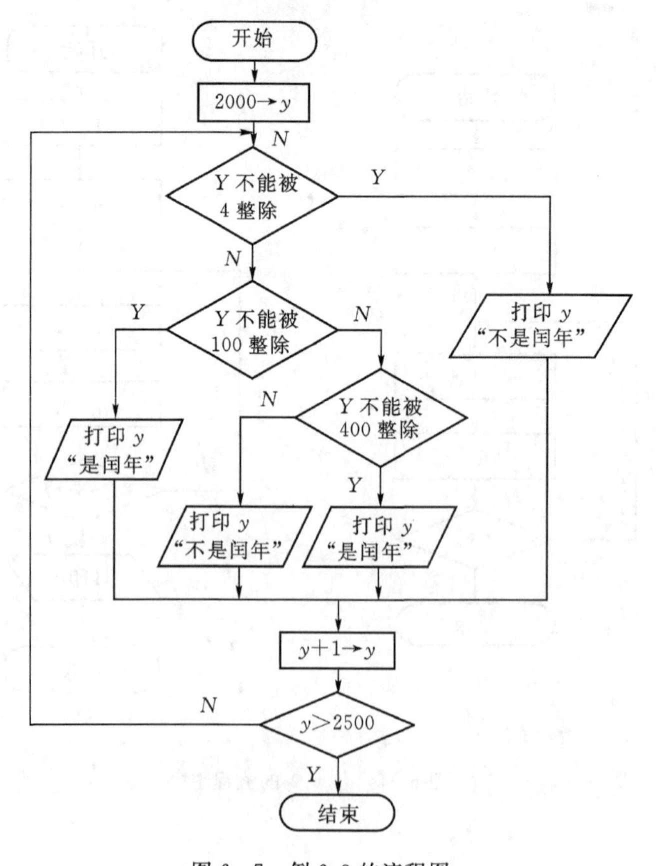

图 6-7 例 6.3 的流程图

【例 6.9】 将例 6.4 用流程图表示，见图 6－8 所示。

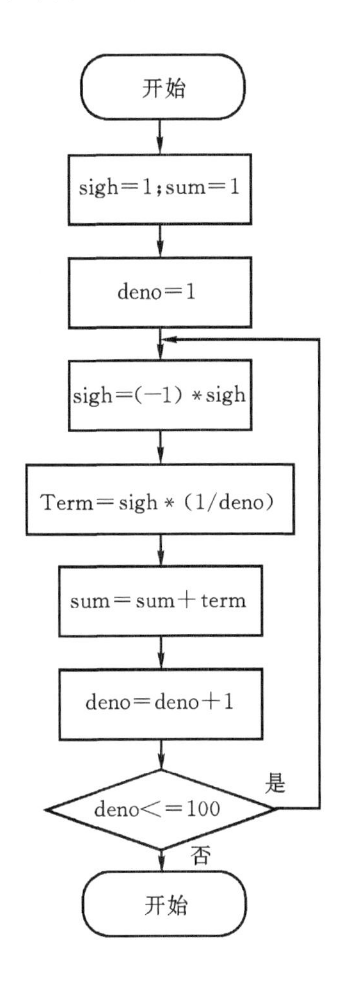

图 6－8　例 6.4 的流程图

通过以上几个例子可以看出流程图是表示算法的较好的工具。一个流程图包括以下几部分。

1)表示相应操作的框；

2)带箭头的流程线；

3)框内外必要的文字说明。

需要提醒的是：流程线不要忘记画箭头，因为它是反映流程的执行先后次序的，如不画出箭头就难以判定各框的执行次序了。

用流程图表示算法直观形象，比较清楚地显示出各个框之间的逻辑关系。有一段时期国内外计算机书刊都广泛使用这种流程图表示算法。但是，这种流程图占用篇幅较多，尤其当算法比较复杂时，画流程图既费时又不方便。在结构化程序设计方法推广之后，许多书刊已用N-S结构化流程图代替这种传统的流程图。但是每一个程序编制人员都应当熟练掌握传统流程图，会画会看。

(三)三种基本结构和改进的流程图

顺序结构如图 6－9 所示，选择结构如图 6－10 所示，循环结构如图 6－11 所示。

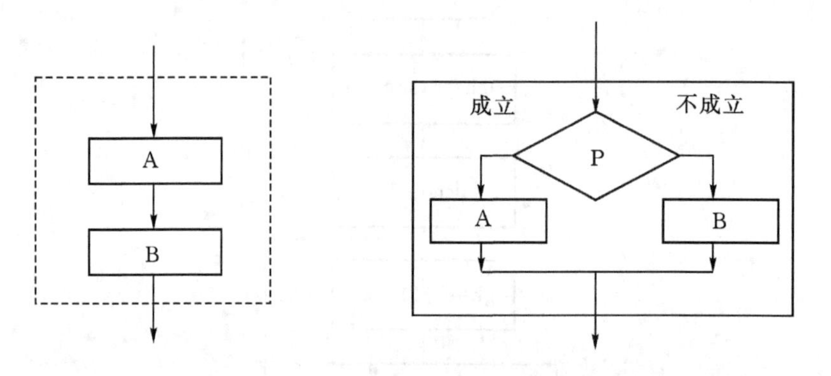

图 6－9　顺序结构流程图　　　　图 6－10　选择结构流程图

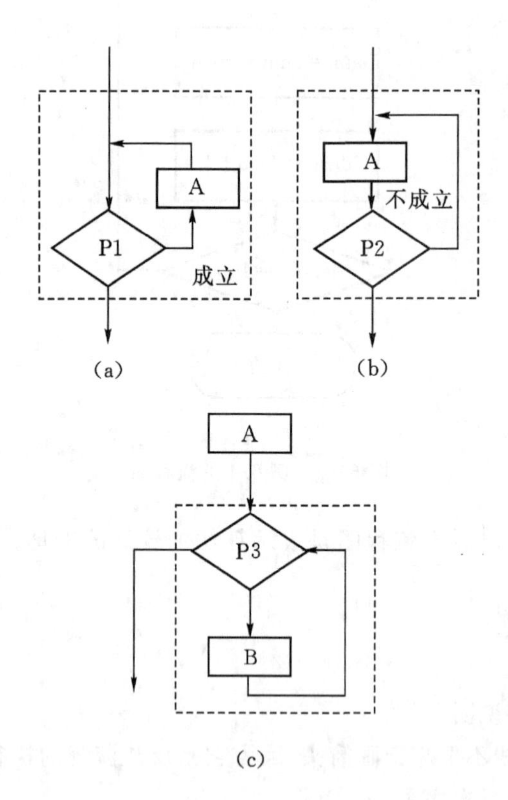

图 6－11　循环结构流程图

三种基本结构的共同特点：

1)只有一个入口；

2)只有一个出口；

3)结构内的每一部分都有机会被执行到；

4)结构内不存在“死循环”。

(四)用 N-S 流程图表示算法

1973 年美国学者提出了一种新型流程图:N-S 流程图。

顺序结构,如图 6－12 所示,选择结构如图 6－13 所示,循环结构如图 6－14 所示。

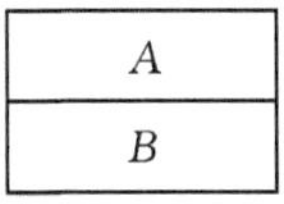

A
B

图 6－12　顺序结构

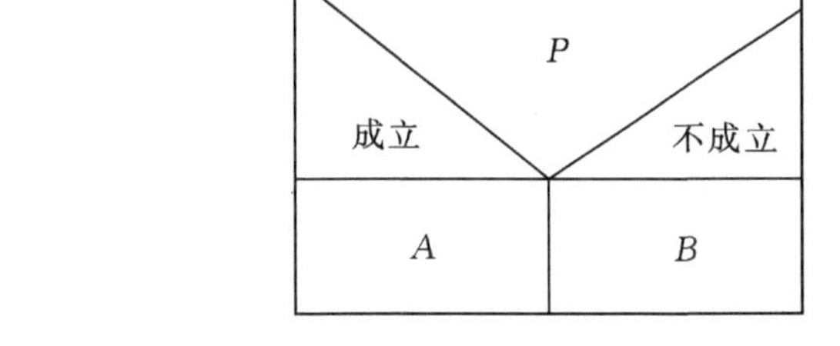

图 6－13　选择结构

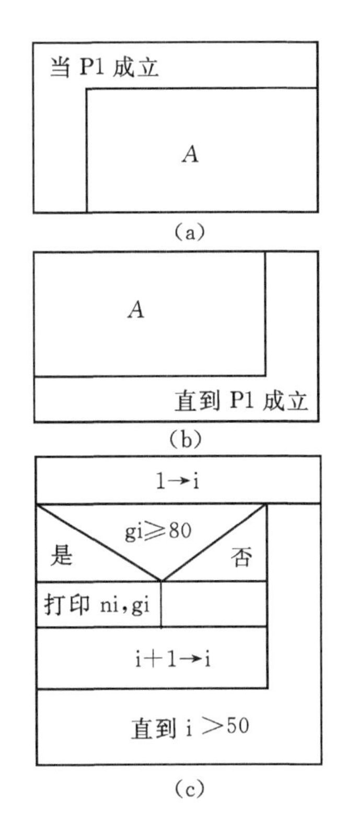

图 6－14　循环结构

(五)其他方式表示算法

用伪代码表示算法,伪代码使用介于自然语言和计算机语言之间的文字和符号来描述算法。用计算机语言表示算法。

四、能力拓展

请大家完成以下作业。

1. 画出项目三所有程序的流程图；
2. 画出项目四所有程序的流程图；
3. 画出项目五所有程序的流程图。

任务二　交通灯程序设计与实现

一、任务要求

根据任务一所画流程图，编写交通灯控制的C语言程序。

二、具体实现

【例6.10】 交通灯程序设计编写。

```
#include<reg52.h>
#include"intrins.h"
void delayms()
{
    unsigned char x = 250;
    unsigned char i;
    do
    {
        i = 0;
        do
        {
            i = i + 1;
        }while(i<250);
    }while(x--);
}
void delayms(unsigned int x)
{
    unsigned char i;
    while(x--)
    {
        for(i = 250;i>0;i--);
    }
}
```

```
void main()
{
    LED_ALL_ON();
    delayms(600);
    LED_ALL_OFF();
    delayms(100);
    LED_LR_R_ON();
    LED_FB_R_ON();
    while(1)
    {
        LED_ALL_OFF();
        LED_FB_B_ON();
        LED_LR_R_ON();
        delayms(900);
        LED_FB_B_OFF();
        LED_FB_Y_ON();
        delayms(300);
        LED_FB_Y_OFF();
        delayms(300);
        LED_FB_Y_ON();
        delayms(300);
        LED_FB_Y_OFF();
        delayms(300);
        LED_FB_Y_ON();
        delayms(300);
        LED_FB_Y_OFF();
        delayms(300);
        LED_ALL_OFF();
        LED_FB_R_ON();
        LED_LR_B_ON();
        delayms(900);
        LED_LR_B_OFF();
        LED_LR_Y_ON();
        delayms(300);
        LED_LR_Y_OFF();
        delayms(300);
        LED_LR_Y_ON();
        delayms(300);
```

```
        LED_LR_Y_OFF();
        delayms(300);
        LED_LR_Y_ON();
        delayms(300);
        LED_LR_Y_OFF();
        delayms(300);
    }
}
```

三、相关知识—编程模块

C语言模块化程序设计需要理解下面几个概念：

1)模块即是一个.c文件和一个.h文件的结合，头文件(.h)中是对于该模块接口的声明；

2)某模块提供给其他模块调用的外部函数及数据需在.h中文件中需以extern关键字声明；

3)模块内的函数和全局变量需在.c文件开头需以static关键字声明。

(一)C语言源文件 *.c

提到C语言源文件，大家都不会陌生。因为我们平常写的程序代码几乎都在这个**.C文件里面。编译器也是以此文件来进行编译并生成相应的目标文件。作为模块化编程的组成基础，我们所要实现的所有功能的源代码均在这个文件里。理想的模块化应该可以看成是一个黑盒子。即我们只关心模块提供的功能，而不管模块内部的实现细节。好比我们买了一部手机，我们只需要会用手机提供的功能即可，不需要知晓它是如何把短信发出去的，如何响应我们按键的输入，这些过程对我们用户而言，就是一个黑盒子。

在大规模程序开发中，一个程序由很多个模块组成，很可能这些模块的编写任务被分配到不同的人。而你在编写这个模块的时候很可能就需要利用到别人写好的模块的接口，这个时候我们关心的是，它的模块实现了什么样的接口，我该如何去调用，至于模块内部是如何组织的，对于我而言，无需过多关注。而追求接口的单一性，把不需要的细节尽可能对外部屏蔽起来，正是我们所需要注意的地方。

(二)C语言头文件 *.h

谈及到模块化编程，必然会涉及到多文件编译，也就是工程编译。在这样的一个系统中，往往会有多个C文件，而且每个C文件的作用不尽相同。在我们的C文件中，由于需要对外提供接口，因此必须有一些函数或者是变量提供给外部其他文件进行调用。

假设我们有一个LCD.C文件提供最基本的LCD的驱动函数：

```
LcdPutChar(char cNewValue);            //在当前位置输出一个字符。
```

而在我们的另外一个文件中需要调用此函数，那么我们该如何做呢？

头文件的作用正是在此，可以称其为一份接口描述文件，其文件内部不应该包含任何实质性的函数代码。我们可以把这个头文件理解成为一份说明书，说明的内容就是我们的模块对外提供的接口函数或者是接口变量。同时该文件也包含了一些很重要的宏定义以及一些结构体的信息，离开了这些信息，很可能就无法正常使用接口函数或者是接口变量。但是总的原则是：不该让外界知道的信息就不能出现在头文件里，而外界调用模块内接口函数或者是接口变量所必须的信息就一定要出现在头文件里，否则，外界就无法正确的调用我们提供的接口功能。因而为了让外部函数或者文件调用我们提供的接口功能，就必须包含我们提供的这个接口描述文件——即头文件。同时，我们自身模块也需要包含这份模块头文件（因为其包含了模块源文件中所需要的宏定义或者是结构体），好比我们平常所用的文件都是一式三份一样，模块本身也需要包含这个头文件。

下面我们来定义这个头文件，一般来说，头文件的名字应该与源文件的名字保持一致，这样我们便可以清晰的知道哪个头文件是哪个源文件的描述。于是便得到了 LCD. C 的头文件 LCD. h 其内容如下：

```
#ifndef_LCD_H_
    #define_LCD_H_
    externLcdPutChar(char cNewValue);
#endif
```

这与我们在源文件中定义函数时有点类似。不同的是，在其前面添加了 extern 修饰符表明其是一个外部函数，可以被外部其他模块进行调用。

```
#ifndef_LCD_H_
    #define_LCD_H_
#endif
```

这个几个条件编译和宏定义是为了防止重复包含。假如有两个不同源文件需要调用 LcdPutChar(char cNewValue)这个函数，他们分别都通过＃include “Lcd. h”把这个头文件包含了进去。在第一个源文件进行编译时候，由于没有定义过 _LCD_H_ 因此 ＃ifndef _LCD_H_ 条件成立，于是定义_LCD_H_ 并将下面的声明包含进去。在第二个文件编译时候，由于第一个文件包含时候，已经将_LCD_H_定义过了。因此＃ifndef_LCD_H_ 不成立，整个头文件内容就没有被包含。假设没有这样的条件编译语句，那么两个文件都包含了 extern Lcd-PutChar(char cNewValue)；就会引起重复包含的错误。

(三)typedef 指令

很多人似乎了习惯程序中利用如下语句来对数据类型进行定义：

```
#define uint unsigned int
#define uchar unsigned char
```

然后在定义变量的时候直接这样使用：

```
uint g_nTimeCounter = 0;
```

不可否认，这样确实很方便，而且对于移植起来也有一定的方便性。但是考虑下面这种情况后你还会这么认为吗？

```
#define PINT unsigned int *        //定义 unsigned int 指针类型
PINT g_npTimeCounter, g_npTimeState;
```

那么到底是定义了两个 unsigned int 型的指针变量，还是一个指针变量，一个整形变量？而初衷又是什么呢，想定义两个 unsigned int 型的指针变量吗？如果是这样，那么将来会有很多错误。现在C语言已经考虑到了这点，typedef 正是为此而生。为了给变量起一个别名我们可以在定义变量时用如下的语句：

```
uint16g_nTimeCounter = 0;          //定义一个无符号的整形变量
puint16 g_npTimeCounter;           //定义一个无符号的整形变量的指针
```

在使用51单片机的C语言编程的时候，整形变量的范围是16位，而在基于32的微处理下的整形变量是32位。倘若在8位单片机下编写的一些代码想要移植到32位的处理器上，那么很可能就需要在源文件中到处修改变量的类型定义。这是一件庞大的工作，为了考虑程序的可移植性，在一开始，就应该养成良好的习惯，用变量的别名进行定义。

如在8位单片机的平台下，有如下一个变量定义。

```
uint16g_nTimeCounter = 0;
```

如果移植32单片机的平台下，想要其的范围依旧为16位。可以直接修改 uint16 的定义，即 typedef unsigned short intuint16；这样就可以了，而不需要到源文件处寻找并修改。将常用的数据类型全部采用此种方法定义，形成一个头文件，便于以后编程直接调用。

(四)C语言文件组织

(1)一般习惯将不同功能模块放到一个头文件和一个C文件中，例如是写一些数学计算函数。

```
//mymath.h
#ifndef _mymath_H
#define _mymath_H
extern int Global_A;          //声明必要的全局变量
extern void fun();            //声明必要的外部函数
#endif

//mymath.c
#include "mymath.h"
#include <一些需要使用的C库文件>
…
int Global_A;                 //定义必要的全局变量和函数
void fun();
…
int a,b,c;                    //定义一些内部使用的全局变量
```

```
void somefun();
  …
//函数实现体
void fun()
{
  …
}

void somefun()
{
  …
}
```

哪个C文件需要使用只需包含头文件mymath.h就可以了。

但是我认为上面的方法虽然好，但是上面定义全局变量的方式在比较大的工程中引起不便，一个模块与其他模块的数据传递最好通过专有的函数进行，而不要直接通过数据单元直接传递(这是VC++的思想)，因此不建议在模块的头文件中声明全局变量；全局变量最好统一定义在一个固定的文件中，所以可以采用下面的方法：

定义一个Globel_Var.C文件来放全局变量

然后在与之相对应的Globel_Var.H文件中来声明全局变量

例如：

```
//Globel_Var.C
/*******定义本工程中所用到的全局变量*******/
int speed;
int torque;
…
…
…
//Globel_Var.H
/*******声明本工程中所用到的全局变量*******/
extern int speed;
extern int torque;
…
…
```

这样哪个文件用到这两个变量就可以在该文件的开头处写上文件包含命令；例如aa.C文件要用到speed，toque两个变量，可以在aa.H文件中包含Globel_Var.H文件。

```
//aa.H文件
#include"Globel_Var.H"
```

```
…
extern void fun();          //声明必要的接口函数
…
//aa.C文件
#include"aa.H"              //每个程序文件中包含自己的同名头件
int a,b,c;                  //定义一些本文件内部使用的局部变量
…
//函数实现体
void fun()
{
    int d,e,f;              //定义一些本函数内部使用的局部变量
    …
}
void somefun()
{
    …
}
…
```

在bb.C文件中用到aa.C文件中的函数void fun()或变量的文件可以这样写

```
//bb.H文件
#include"aa.H"
…
extern int fun_1(void);     //声明本文件的接口函数
…
//bb.C文件
#include"bb.H"
…
int fun_1(void)
{
    …
    fun();                  //调用aa.C文件中的fun()函数
    …
}
```

在主函数中可以这样写:主文件main没有自己的头文件

```
//main.C文件
#include<系统库文件>
#include"Glable_Var.H"
```

```
#include"aa.H"
#include"bb.H"
…
char fun_2(int x,char y);  //声明主文件所定义的函数
int i,j;                   //定义一些本模块内部使用的局部变量
char k;
…
void main()
{
    …
    fun();
    …
    i = Fun_1();
    …
    k = fun_2();
    …
}
…
char fun_2()
{
    …
}
…
```

这样即不会报错又可以轻松使用全局变量。

(2)如果在全局变量前加入 static 或者 const(隐式 static),如下所示:

```
// xxxx.h
...
const double PI = 3.1415926;
static void* NULL = 0;
...
//
```

这个头文件是可以包含在多个编译单元的。

(3)理想的情况下,一个可执行的模块提供一个公开的接口,即使用一个 *.h 文件暴露接口。但是有时候,一个模块需要提供不止一个接口,这时就要为每个定义的接口提供一个公开的接口。在 C 语言的里,每个 C 文件是一个模块,头文件为使用这个模块的用户提供接口,用户只要包含相应的头文件就可以使用在这个头文件中暴露的接口。所有的头文件都建议参考以下的规则:

1)头文件中不能有可执行代码,也不能有数据的定义,只能有宏、类型(typedef,struct,union,menu),数据和函数的声明。例如以下的代码可以包含在头文件里:

```
#define NAMESTRING"name"
typedef unsigned long word;
menu
{
    flag1;
    flag2;
};
typedef struct
{
    int x;
    int y;
}Piont;
extent Fun(void);
extent int a;
```

全局变量和函数的定义不能出现在*.h文件里。例如下面的代码不能包含在头文件:

```
int a;
void Fun1(void)
{
    a++;
}
```

2)头文件中不能包本地数据(模块自己使用的数据或函数,不被其他模块使用)。这一点相当于面向对象程序设计里的私有成员,即只有模块自己使用的函数,数据,不要用extern在头文件里声明,只有模块自己使用的宏,常量,类型也不要在头文件里声明,应该在自己的*.c文件里声明。

3)含一些需要使用的声明。在头文件里声明外部需要使用的数据,函数,宏,类型。

(4)防止被重复包含。使用下面的宏防止一个头文件被重复包含。

```
#ifndef     MY_INCLUDE_H
#define     MY_INCLUDE_H
<头文件内容>
#endif
```

(5)有一些头文件是为用户提供调用接口,这种头文件中声明了模块中需要给其他模块使用的函数和数据,鉴于软件质量上的考虑,处理参考以上的规则,用来暴露接口的头文件还需要参考更多的规则:

1)一个模块一个接口,不能几个模块用一个接口。

2)文件名为和实现模块的 c 文件相同。abc. c—abc. h。

3)尽量不要使用 extern 来声明一些共享的数据。因为这种做法是不安全的,外部其他模块的用户可能不能完全理解这些变量的含义,最好提供函数访问这些变量。

4)尽量避免包含其他的头文件,除非这些头文件是独立存在的。这一点的意思是,在作为接口的头文件中,尽量不要包含其他模块的那些暴露 *. C 文件中内容的头文件,但是可以包含一些不是用来暴露接口的头文件。

5)不要包含那些只有在可执行文件中才使用的头文件,这些头文件应该在 *. c 文件中包含。这一点如同上一点,为了提高接口的独立性和透明度。

6)接口文件要有面向用户的充足的注释。从应用角度描述个暴露的内容。

7)接口文件在发布后尽量避免修改,即使修改也要保证不影响用户程序。

(6)多个代码文件使用一个接口文件:这种头文件用于那些认为一个模块使用一个文件太大的情况。对于这种情况对于这种情况在参考上述建议后,也要参考以下建议。

1)多个代码文件组成的一个模块只有一个接口文件。因为这些文件完成的是一个模块。

2)使用模块下文件命名 ＜系统名＞ ＜模块名命名＞。

3)不要滥用这种文件。

4)有时候也会出现几个 *. c 文件用于共享数据的 *. h 文件,这种文件的特点是在一个 *. c 文件里定义全局变量,而在其他 *. c 文件里使用,要将这种文件和用于暴露模块接口的文件区别。

5)一个模块如果有几个子模块,可以用一个 *. h 文件暴露接口,在这个文件里用 # include 包含每个子模块的接口文件。

还有一种头文件,说明性头文件,这种头文件不需要有一个对应的代码文件,在这种文件里大多包含了大量的宏定义,没有暴露的数据变量和函数。这些文件给出以下建议:

1)包含一些需要的概念性的东西。

2)命名方式,定义的功能. h。

3)不包含任何其他的头文件。

4)不定义任何类型。

5)不包含任何数据和函数声明。

上面介绍了 C 头文件的一些建议,下面介绍 C 代码文件 *. c 文件的一些建议,*. c 文件是 C 语言中生成汇编代码和机器码的内容,要注意以下建议:

1)命名方式—模块名. c。

2)用 static 修饰本地的数据和函数。

3)不要使用 externa。这是在 *. h 中使用的,可以被包含进来。

4)无论什么时候定义内部的对象,确保独立与其他执行文件。

5)这个文件里必须包含相应功能函数。

结束语:上面介绍了一些 C 文件组织的建议,用于提高 C 语言项目的质量,在以后的 C 项目组织中,学习面向对象和 COM 的思想,将这些思想加入到 C 程序中,能够写出更高质量的代码。上面的建议在具体的项目里应该灵活运用。另外,C 工程中经常有一些汇编代码文件,这些文件也要使有 *. h 头文件暴露其中的数据和函数,以便其他 *. c 文件包含使用。

四、能力拓展

按照C程序模块结构思想,把项目三、四、五中的程序进行模块化整理。

任务三　交通灯仿真与报告撰写

一、设计目的

1)通过交通信号灯控制系统的设计,掌握C语言编程书写规则、程序结构、数据类型、运算表达式、流程图等知识,以控制指示灯的亮与灭。

2)用单片机作为输出口,控制十二个指示灯熄灭,模拟交通灯管理。

3)通过《交通指挥灯设计与实现》项目设计,熟练掌握C语言的编程方法,将理论联系到实践中去,提高我们的动脑和动手的能力。

4)完成控制系统软件设计、仿真调试。

二、设计要求

交通信号灯模拟控制系统设计利用单片机,令十字路口的红绿灯交替点亮和熄灭,控制十二个指示灯亮灭,模拟交通灯管理。在一个交通十字路口有一条主干道(东西方向),一条从干道(南北方向),主干道的通行时间比从干道通行时间长,四个路口安装红,黄,绿灯各一盏。

1)设计一个十字路口的交通灯控制电路,要求南北方向(主干道)车道和东西方向(支干道)车道两条交叉道路上的车辆交替运行,时间可设置修改。

2)在绿灯转为红灯时,要求黄灯先亮,才能变换运行车道。

3)黄灯亮时,要求每秒闪亮一次。

4)东西方向、南北方向车道除了有红、黄、绿灯指示外,每一种灯亮的时间都用显示器进行显示(采用计时的方法)。

5)同步设置人行横道红、绿灯指示。

三、设计任务和内容

任务:设计一个能够控制十二盏交通信号灯的模拟系统。并且要求交通信号灯按照交通规则的模式来运行。

内容:因为本课程设计是交通灯的控制设计,所以要了解实际交通灯的变化情况和规律。假设一个十字路口为东西南北走向。初始状态0为东西红灯,南北红灯。然后转状态1东西红灯,南北绿灯通车。过一段时间转状态2南北绿灯灭,黄灯闪烁几次,东西仍然红灯。再转状态3,东西绿灯通车,南北红灯。过一段时间转状态4,东西绿灯灭,闪几次黄灯,南北仍然红灯。最后循环至状态1。

四、控制系统的总体要求

1)执行程序时,初始态为四个路口的红灯全亮之后。

2)东西路口的绿灯亮,南北路口的红灯亮,东西路口方向通车。

3)延时一段时间后,东西路口的绿灯熄灭,黄灯开始延时并且开始闪烁,闪烁5次后,东西路口红灯亮,而同时南北路口的绿灯亮,南北路口方向开始通车。

4)延时一段时间之后,南北路口的绿灯熄灭,黄灯开始延时并且开始闪烁,闪烁3次之后,再切换到东西路口方向。

5)之后重复2到4过程……

五、交通指挥灯流程图

交通指挥灯流程图如图6-15所示。

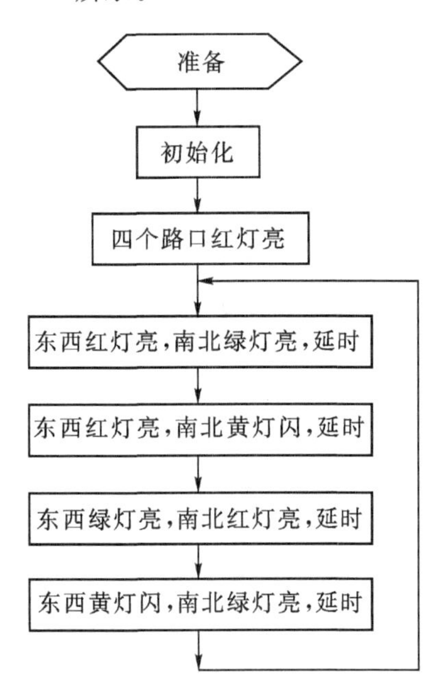

图6-15　交通指挥灯流程图

六、交通指挥灯程序

【例6.11】 编程实现交通灯。

```
#include<reg52.h>
#include"intrins.h"
#define LED_LEFT P0
#define LED_RIGHT P1
void main(void)
{
    unsigned int i = 10;
    LED_LEFT = 0xfe;
    while(1)
```

```
    {
        while(--i);
        LED_LEFT = (LED_LEFT<<1)|0x01;
        if(LED_LEFT = = 0xff)LED_RIGHT = 0x7f;
        while(LED_LEFT = = 0xff)
        {
            while(--i);
            LED_RIGHT = (LED_RIGHT>>1)|0x80;
            if(LED_RIGHT = = 0xff)
            {
                LED_LEFT = 0xfe;
                LED_LEFT = 0xff;
            }
        }
    }
}
```

七、交通灯仿真电路原理图

交通仿真电路原理图如图 6-16 所示。

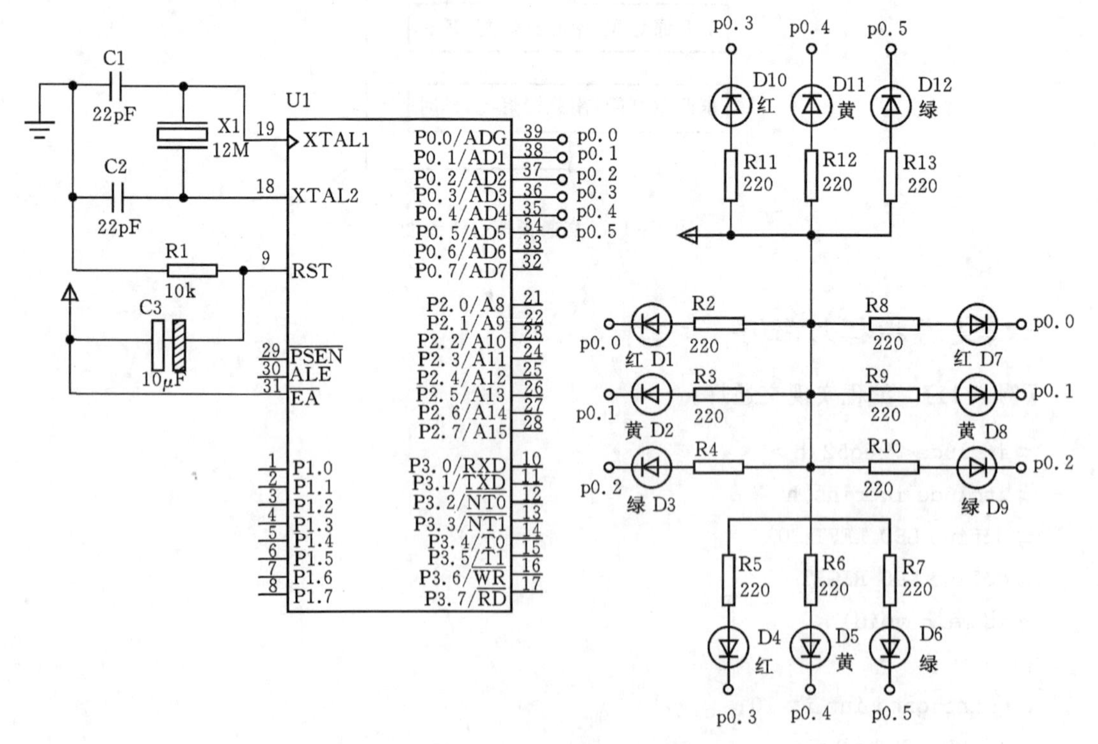

图 6-16 交通灯仿真电路原理图

项目七　显示器设计与实现

项目目标导读

知识目标

(1)掌握程序流程图画法;

(2)熟悉C语言模块化编程思想;

(3)熟悉数码管硬件结构及工作原理;

(4)熟悉数组、函数及调用知识;

(5)熟悉if、switch条件判断指令。

能力目标

(1)能使用Keil、Protues软件编写、调试、仿真运行复杂C语言程序;

(2)会定义、调用函数,能理解函数传递参数;

(3)会定义、使用数组;

(4)能使用if、switch指令编写条件判断程序。

项目背景

显示器(display)通常也被称为监视器。显示器是属于I/O设备,即输入输出设备。它可以分为CRT、LCD、PDP、3D、OLED、LED等多种。它是一种将一定的电子文件通过特定的传输设备显示到屏幕上再反射到人眼的显示工具。

CRT显示器是一种使用阴极射线管(Cathode Ray Tube)的显示器,阴极射线管主要有五部分组成:电子枪(Electron Gun),偏转线圈(Deflection coils),荫罩(Shadow mask),荧光粉层(Phosphor)及玻璃外壳。CRT纯平显示器具有可视角度大、无坏点、色彩还原度高、色度均匀、可调节的多分辨率模式、响应时间极短等LCD显示器难以超过的优点。

LCD显示器即液晶显示器,在显示器内部有很多液晶粒子,它们有规律的排列成一定的形状,并且它们的每一面的颜色都分为:红色,绿色,蓝色。这三原色能还原成任意的其他颜色,当显示器收到电脑的显示数据的时候会控制每个液晶粒子转动到不同颜色的面,从而组合成不同的颜色和图像。它的优点是机身薄,占地小,辐射小,给人以一种健康产品的形象。但液晶显示屏不一定可以保护到眼睛,这需要看各人使用计算机的习惯。

PDP(Plasma Display Panel,等离子显示器)是采用等离子平面屏幕技术的显示设备。等离子显示技术的成像原理是在显示屏上排列上千个密封的小低压气体室,通过电流激发使其发出肉眼看不见的紫外光,然后紫外光碰击后面玻璃上的红、绿、蓝3色荧光体发出肉眼能看到的可见光,以此成像。

3D显示器一直被公认为显示技术发展的终极梦想,多年来有许多企业和研究机构从事这方面的研究。日本、欧美、韩国等发达国家和地区早于20世纪80年代就纷纷涉足立体显示技术的研发,于90年代开始陆续获得不同程度的研究成果,现已开发出需佩戴立体眼镜和不需佩戴立体眼镜的两大立体显示技术体系。传统的3D电影在荧幕上有两组图像(来源于在拍摄时的互成角度的两台摄影机),观众必须戴上偏光镜才能消除重影(让一只眼只受一组图像),形成视差(parallax),产生立体感。

LED显示器通过发光二极管芯片的适当连接(包括串联和并联)和适当的光学结构制作而成。它可构成发光显示器的发光段或发光点,由这些发光段或发光点可以组成数码管、符号管、米字管、矩阵管、电平显示器管等等。通常把数码管、符号管、米字管共称笔画显示器,而把笔画显示器和矩阵管统称为字符显示器。

最基本的半导体数码管是由七个条状发光二极管芯片排列而成,可实现0～9的显示。本项目就是基于七段数码管LED显示器,利用C语言知识和编程技巧,实现对数码管控制。

通过对数码管显示原理分析,了解数码管显示的工作原理,掌握编程实现方法,通过对C语言编程学习,实现数码管对数字的显示。

任务一　固定值显示器设计与实现

一、任务要求

学习LED数码管硬件结构,理解LED数码管亮灭工作原理,用C语言编程实现一个数码管显示的任意效果。

二、具体实现

【例7.1】 编程实现一个数码管LED灯段1亮(位操作实现)。

```
#include <reg52.h>
sbit SEG_LED1 = P0^0          //单片机P0口的第0脚与数码管段1相连
void main(void)
{
    SEG_LED1 = 1;             //数码管全亮
    while(1);
}
```

【例7.2】 编程实现一个数码管LED灯段全亮(位操作实现)。

```
#include <reg52.h>
sbit SEG_LED1 = P0^0          //单片机P0口的第0脚与数码管段1相连
sbit SEG_LED2 = P0^1          //单片机P0口的第1脚与数码管段2相连
sbit SEG_LED3 = P0^2          //单片机P0口的第2脚与数码管段3相连
sbit SEG_LED4 = P0^3          //单片机P0口的第3脚与数码管段4相连
sbit SEG_LED5 = P0^4          //单片机P0口的第4脚与数码管段5相连
sbit SEG_LED6 = P0^5          //单片机P0口的第5脚与数码管段6相连
sbit SEG_LED7 = P0^6          //单片机P0口的第6脚与数码管段7相连
sbit SEG_LED8 = P0^7          //单片机P0口的第7脚与数码管段8相连
```

```
void main(void)
{
    SEG_LED1 = 1;            //数码管亮
    SEG_LED2 = 1;            //数码管亮
    SEG_LED3 = 1;            //数码管亮
    SEG_LED4 = 1;            //数码管亮
    SEG_LED5 = 1;            //数码管亮
    SEG_LED6 = 1;            //数码管亮
    SEG_LED7 = 1;            //数码管亮
    SEG_LED8 = 1;            //数码管亮
    while(1);
}
```

【例 7.3】 编程实现一个数码管 LED 灯段全亮(字节操作实现)。

```
#include <reg52.h>
#define SEG_LED P0           //单片机 P0 口连接数码管
void main(void)
{
    SEG_LED = 0xff;          //数码管全亮
    while(1);
}
```

【例 7.4】 编程实现一个数码管 LED 灯指定段亮(字节操作实现)。

```
#include <reg52.h>
#define SEG_LED P0           //单片机 P0 口连接数码管
void main(void)
{
    SEG_LED = 0xbe;          //
    while(1);
}
```

【例 7.5】 编程实现一个数码管显示 0(字节操作实现)。

```
#include <reg52.h>
#define SEG_LED P0           //单片机 P0 口连接数码管
void main(void)
{
    SEG_LED = 0xbf;          //
    while(1);
}
```

【例 7.6】 编程实现一个数码管显示 5(字节操作实现)。

```
#include <reg52.h>
#define SEG_LED P0            //单片机 P0 口连接数码管
void main(void)
{
    SEG_LED = 0xed;           //数码管全亮
    while(1);
}
```

【作业】编程实现数码管其他数字显示。

【例 7.7】 用数组实现一个数码管显示 7。

```
#include <reg52.h>
#define SEG_LED P0            //单片机 P0 口连接数码管
unsigned char code smg[] = {0x3f,0x06,0x5b,0x4f,0x66,0x6d,0x7d,0x07,0x7f,0x6f};
void main(void)
{
    SEG_LED = smg[7];
    while(1);
}
```

三、相关知识——数码管、函数、嵌套、参数与值

(一)数码管

LED 数码管由多个发光二极管封装在一起组成“8”字型的器件,引线已在内部连接完成,只需引出它们的各个笔划(“每一段”)公共电极。图 7-1 为单位数码管,图 7-2 为双位数码管,图 7-3 为四位数码管。

图 7-1 单位数码管

图 7-2 双位数码管

图 7-3 四位数码管

图 7-4 是一位数码管的引脚图,可以看出其的引脚是 10 个,显示一个“8”字,需要 7 个“小段”,另外还有右下角的一个小数点,所以其内部共有 8 个发光二极管,这些段分别由字母 a、b、c、d、e、f、g、dp 来表示,最后引出一个公共端。生产商为了封装统一,将第 3 和第 8 脚连在一起,所以一位数码管共有 10 脚,其公共端又可分为共阴极和共阳极。

以共阳极数码管为例,其 8 个发光二极管的阳极全部连在一起,所以称为“共阳”,而它们的

阴极却是独立的，设计电路时把阳极接高电平，当数码管的任一个阴极加一个低电平时，对应的这个发光二极管就亮了。如果想显示一个"0"字，只要给"g，dp"这两段送高电平，其余6段送低电平即可。想让它显示几，就给对应的发光二极管送低电平，因此我们在显示数字时要先给0～9十个数字编码，要它亮什么数字，直接把这个编码送到它的阴极就行了，如表7-1，7-2所示。

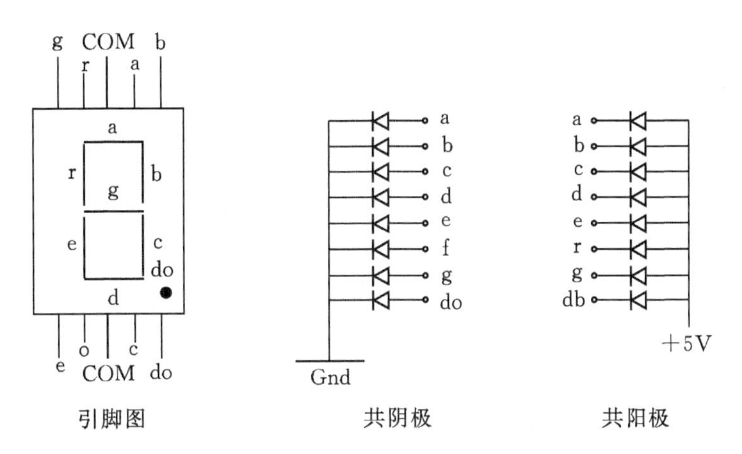

图7-4　数码管的引脚图

表7-1　共阳极数码管编码

符号	编码	符号	编码
0	0xc0	8	0x80
1	0xf9	9	0x90
2	0xa4	A	0x88
3	0xb0	b	0x83
4	0x99	c	0xc6
5	0x92	d	0xa1
6	0x82	E	0x86
7	0xf8	F	0x8e

表7-2　共阴极数码管编码

符号	编码	符号	编码
0	0x3f	8	0x7f
1	0x06	9	0x6f
2	0x5b	A	0x77
3	0x4f	b	0x7c
4	0x66	c	0x39
5	0x6d	d	0x5e
6	0x7d	E	0x79
7	0x07	F	0x71

当数码管有多个位时，它们的公共端是独立的，而负责显示数字的“段线”全部是对应连在一起的，独立的公共端可控制多位中的哪一位数字点亮，而连在一起的段线可以控制这位点亮的数码管具体显示什么数字，通常我们把公共端称作“位选线”，连在一起的段线称作“段选线”图 7-5 分别是 4 位共阳极，共阴极数码管的内部电路图。

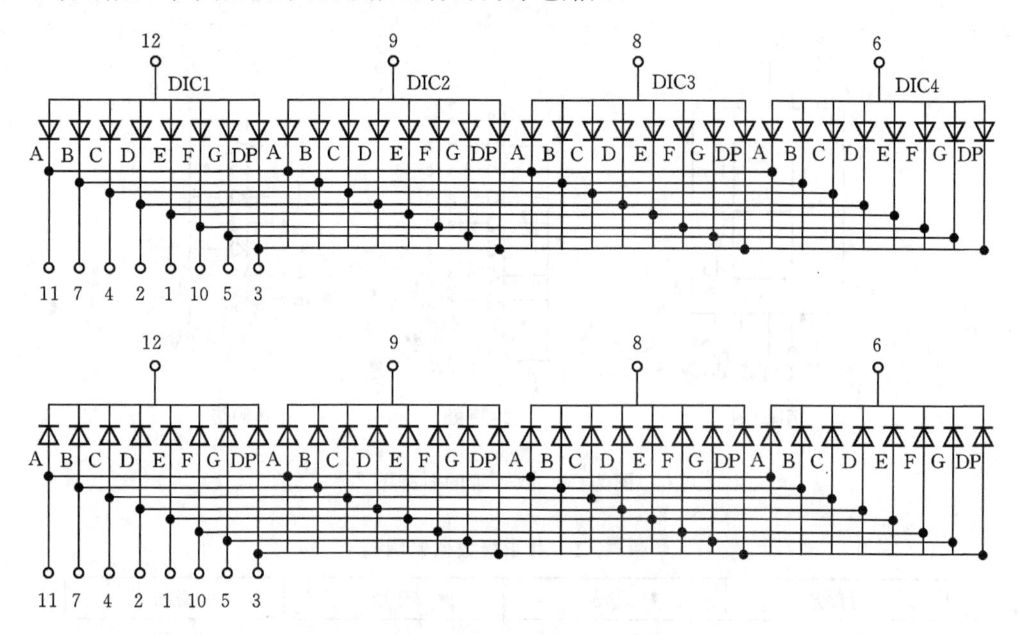

图 7-5　4 位共阳极/共阴极数码管内部电路图

一般两位数码管是 10 个引脚(8 个段选，2 个位选)，四位数码管是 12 个引脚(8 个段选，4 个位选)，六位数码管是 14 个引脚(8 个段选，6 个位选)至于实际中的哪一个引脚是位选，哪一个引脚是段选就需要用万用表测试了。对于数字式万用表，红表笔连接表内正极，黑表笔连接表内负极，当把表设置于二极管档时，其表笔间电压约为 1.5V，把表笔正确加在发光二极管两端时，即可点亮发光二极管。对于 2 位共阳极数码管来说，用两表笔去依次触碰引脚，当出现红表笔触碰一引脚不动，而黑表笔触碰的其余引脚有多个发光时，即可判断此时红表笔所接的是公共端。同理找到另一位的公共端后，变化黑表笔所触引脚，找出对应的段选即可。

(二)函数

在前面已经介绍过，C 源程序是由函数组成的。虽然在前面各章的程序中大都只有一个主函数 main()，但实用程序往往由多个函数组成。函数是 C 源程序的基本模块，通过对函数模块的调用实现特定的功能。C 语言中的函数相当于其他高级语言的子程序。C 语言不仅提供了极为丰富的库函数(如 Turbo C，MS C 都提供了三百多个库函数)，还允许用户建立自己定义的函数。用户可把自己的算法编成一个个相对独立的函数模块，然后用调用的方法来使用函数。可以说 C 程序的全部工作都是由各式各样的函数完成的，所以也把 C 语言称为函数式语言。

由于采用了函数模块式的结构，C 语言易于实现结构化程序设计。使程序的层次结构清晰，便于程序的编写、阅读、调试。

在C语言中可从不同的角度对函数分类。

(1)从函数定义的角度看，函数可分为库函数和用户定义函数两种。

1)库函数：由C系统提供，用户无须定义，也不必在程序中作类型说明，只需在程序前包含有该函数原型的头文件即可在程序中直接调用。

2)用户定义函数：由用户按需要写的函数。对于用户自定义函数，不仅要在程序中定义函数本身，而且在主调函数模块中还必须对该被调函数进行类型说明，然后才能使用。

(2)C语言的函数兼有其他语言中的函数和过程两种功能，从这个角度看，又可把函数分为有返回值函数和无返回值函数两种。

1)有返回值函数：此类函数被调用执行完后将向调用者返回一个执行结果，称为函数返回值。如数学函数即属于此类函数。由用户定义的这种要返回函数值的函数，必须在函数定义和函数说明中明确返回值的类型。

2)无返回值函数：此类函数用于完成某项特定的处理任务，执行完成后不向调用者返回函数值。这类函数类似于其他语言的过程。由于函数无须返回值，用户在定义此类函数时可指定它的返回为“空类型”，空类型的说明符为“void”。

(3)从主调函数和被调函数之间数据传送的角度看又可分为无参函数和有参函数两种。

1)无参函数：函数定义、函数说明及函数调用中均不带参数。主调函数和被调函数之间不进行参数传送。此类函数通常用来完成一组指定的功能，可以返回或不返回函数值。

2)有参函数：也称为带参函数。在函数定义及函数说明时都有参数，称为形式参数(简称为形参)。在函数调用时也必须给出参数，称为实际参数(简称为实参)。进行函数调用时，主调函数将把实参的值传送给形参，供被调函数使用。

(4)C语言提供了极为丰富的库函数，这些库函数又可从功能角度作以下分类。

1)字符类型分类函数：用于对字符按ASCII码分类：字母，数字，控制字符，分隔符，大小写字母等。

2)转换函数：用于字符或字符串的转换；在字符量和各类数字量(整型，实型等)之间进行转换；在大、小写之间进行转换。

①目录路径函数：用于文件目录和路径操作。

②诊断函数：用于内部错误检测。

③图形函数：用于屏幕管理和各种图形功能。

④输入输出函数：用于完成输入输出功能。

⑤接口函数：用于与DOS，BIOS和硬件的接口。

⑥字符串函数：用于字符串操作和处理。

⑦内存管理函数：用于内存管理。

⑧数学函数：用于数学函数计算。

⑨日期和时间函数：用于日期，时间转换操作。

⑩进程控制函数：用于进程管理和控制。

⑪其他函数：用于其他各种功能。

以上各类函数不仅数量多，而且有的还需要硬件知识才会使用，因此要想全部掌握需要一个较长的学习过程。应首先掌握一些最基本、最常用的函数，再逐步深入。本书只介绍了很少一部分库函数，其余部分读者可根据需要查阅有关手册。

还应指出的是，在C语言中，所有的函数定义，包括主函数main在内，都是平行的。也就是说，在一个函数的函数体内，不能再定义另一个函数，即不能嵌套定义。但是函数之间允许相互调用，也允许嵌套调用。习惯上把调用者称为主调函数。函数还可以自己调用自己，称为递归调用。

main函数是主函数，它可以调用其他函数，而不允许被其他函数调用。因此，C程序的执行总是从main函数开始，完成对其他函数的调用后再返回到main函数，最后由main函数结束整个程序。一个C源程序必须有，也只能有一个主函数main。

(三)函数定义的一般形式

1. 无参函数的定义形式

```
类型标识符 函数名()
{
  声明部分
  语句
}
```

其中类型标识符和函数名称为函数头。类型标识符指明了本函数的类型，函数的类型实际上是函数返回值的类型。该类型标识符与前面介绍的各种说明符相同。函数名是由用户定义的标识符，函数名后有一个空括号，其中无参数，但括号不可少。

{}中的内容称为函数体。在函数体中声明部分，是对函数体内部所用到的变量的类型说明。

在很多情况下都不要求无参函数有返回值，此时函数类型符可以写为void。

我们可以改写一个函数定义：

```
void Hello()
{
    Delay ();
}
```

这里，只把main改为Hello作为函数名，其余不变。Hello函数是一个无参函数，当被其他函数调用时，输出Hello world字符串。

2. 有参函数定义的一般形式

```
类型标识符 函数名(形式参数表列)
{
  声明部分
  语句
}
```

有参函数比无参函数多了一个内容，即形式参数表列。在形参表中给出的参数称为形式参数，它们可以是各种类型的变量，各参数之间用逗号间隔。在进行函数调用时，主调函数将赋予这些形式参数实际的值。形参既然是变量，必须在形参表中给出形参的类型说明。

例如，定义一个函数，用于求两个数中的大数，可写为：

```
int max(int a, int b)
{
    if (a>b) return a;
    else return b;
}
```

第一行说明 max 函数是一个整型函数，其返回的函数值是一个整数。形参为 a,b，均为整型量。a,b 的具体值是由主调函数在调用时传送过来的。在{}中的函数体内，除形参外没有使用其他变量，因此只有语句而没有声明部分。在 max 函数体中的 return 语句是把 a(或 b)的值作为函数的值返回给主调函数。有返回值函数中至少应有一个 return 语句。

在 C 程序中，一个函数的定义可以放在任意位置，既可放在主函数 main 之前，也可放在 main 之后。

例如：可把 max 函数置在 main 之后，也可以把它放在 main 之前。修改后的程序如下所示。

【例 7.8】 有参函数定义。

```
int max(int a,int b)
{
    if(a>b)return a;
    else return b;
}
main()
{
    int max(int a,int b);
    int x,y,z;
    z = max(x,y);
}
```

现在我们可以从函数定义、函数说明及函数调用的角度来分析整个程序，从中进一步了解函数的各种特点。

程序的第 1 行至第 5 行为 max 函数定义。进入主函数后，因为准备调用 max 函数，故先对 max 函数进行说明(程序第 8 行)。函数定义和函数说明并不是一回事，在后面还要专门讨论。可以看出函数说明与函数定义中的函数头部分相同，但是末尾要加分号。程序第 12 行为调用 max 函数，并把 x，y 中的值传送给 max 的形参 a，b。max 函数执行的结果(a 或 b)将返回给变量 z。最后由主函数输出 z 的值。

(四)函数的参数和函数的值

1. 形式参数和实际参数

前面已经介绍过，函数的参数分为形参和实参两种。在本小节中，进一步介绍形参、实参的特点和两者的关系。形参出现在函数定义中,在整个函数体内都可以使用,离开该函数则不能使用。实参出现在主调函数中,进入被调函数后,实参变量也不能使用。形参和实参的功能是作数据传送。发生函数调用时,主调函数把实参的值传送给被调函数的形参从而实现主调函数向被调函数的数据传送。

函数的形参和实参具有以下特点:

1)形参变量只有在被调用时才分配内存单元,在调用结束时,即刻释放所分配的内存单元。因此,形参只有在函数内部有效。函数调用结束返回主调函数后则不能再使用该形参变量。

2)实参可以是常量、变量、表达式、函数等,无论实参是何种类型的量,在进行函数调用时,它们都必须具有确定的值,以便把这些值传送给形参。因此应预先用赋值,输入等办法使实参获得确定值。

3)实参和形参在数量上,类型上,顺序上应严格一致,否则会发生“类型不匹配”的错误。

4)函数调用中发生的数据传送是单向的。即只能把实参的值传送给形参,而不能把形参的值反向地传送给实参。因此在函数调用过程中,形参的值发生改变,而实参中的值不会变化,如图 7-6 所示。

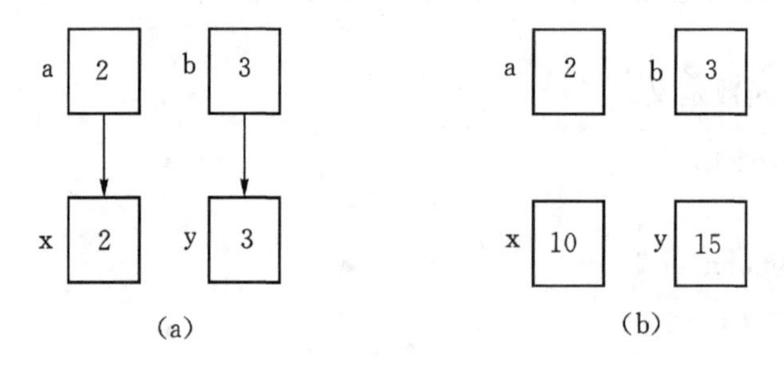

图 7-6 函数实参与形参数据传递

2. 函数的返回值

函数的值是指函数被调用之后,执行函数体中的程序段所取得的并返回给主调函数的值。对函数的值(或称函数返回值)有以下一些说明:

1)函数的值只能通过 return 语句返回主调函数。

return 语句的一般形式为:

```
return 表达式;
```

或者为:

```
return (表达式);
```

该语句的功能是计算表达式的值,并返回给主调函数。在函数中允许有多个 return 语句,但每次调用只能有一个 return 语句被执行,因此只能返回一个函数值。

2)函数值的类型和函数定义中函数的类型应保持一致。如果两者不一致,则以函数类型为准,自动进行类型转换。

3)如函数值为整型,在函数定义时可以省去类型说明。

4)不返回函数值的函数,可以明确定义为“空类型”,类型说明符为“void”。

(五)函数的调用

1. 函数调用的一般形式

前面已经说过,在程序中是通过对函数的调用来执行函数体的,其过程与其他语言的子程序调用相似。

C语言中,函数调用的一般形式为:

```
函数名(实际参数表)
```

对无参函数调用时则无实际参数表。实际参数表中的参数可以是常数,变量或其他构造类型数据及表达式。各实参之间用逗号分隔。

2. 函数调用的方式

在C语言中,可以用以下几种方式调用函数:

1)函数表达式:函数作为表达式中的一项出现在表达式中,以函数返回值参与表达式的运算。这种方式要求函数是有返回值的。例如:z=max(x,y)是一个赋值表达式,把max的返回值赋予变量z。

2)函数语句:函数调用的一般形式加上分号即构成函数语句。

3)函数实参:函数作为另一个函数调用的实际参数出现。这种情况是把该函数的返回值作为实参进行传送,因此要求该函数必须是有返回值的。在函数调用中还应该注意的一个问题是求值顺序的问题。所谓求值顺序是指对实参表中各量是自左至右,还是自右至左使用。对此,各系统的规定不一定相同。

3. 被调用函数的声明和函数原型

在主调函数中调用某函数之前应对该被调函数进行说明(声明),这与使用变量之前要先进行变量说明是相同的。在主调函数中对被调函数作说明的目的是使编译系统知道被调函数返回值的类型,以便在主调函数中按此种类型对返回值作相应的处理。

其一般形式为:

```
类型说明符 被调函数名(类型 形参,类型 形参…);
```

或为:

```
类型说明符 被调函数名(类型,类型…);
```

括号内给出了形参的类型和形参名,或只给出形参类型。这便于编译系统进行检错,以防止可能出现的错误。

main函数中对max函数的说明为:

```
int max(int a,int b);
```

或写为:

```
int max(int,int);
```

C语言中又规定在以下几种情况时可以省去主调函数中对被调函数的函数说明。

1)如果被调函数的返回值是整型或字符型时,可以不对被调函数作说明,而直接调用。这时系统将自动对被调函数返回值按整型处理。

2)当被调函数的函数定义出现在主调函数之前时，在主调函数中也可以不对被调函数再作说明而直接调用。

3)如在所有函数定义之前，在函数外预先说明了各个函数的类型，则在以后的各主调函数中，可不再对被调函数作说明。例如：

```
char str(int a);
float f(float b);
main()
{
……
}
char str(int a)
{
……
}
float f(float b)
{
……
}
```

其中第一，二行对 str 函数和 f 函数预先作了说明。因此在以后各函数中无须对 str 和 f 函数再作说明就可直接调用。

4)对库函数的调用不需要再作说明，但必须把该函数的头文件用 include 命令包含在源文件前部。

(六)函数的嵌套调用

C语言中不允许作嵌套的函数定义。因此各函数之间是平行的，不存在上一级函数和下一级函数的问题。但是C语言允许在一个函数的定义中出现对另一个函数的调用。这样就出现了函数的嵌套调用。即在被调函数中又调用其他函数。这与其他语言的子程序嵌套的情形是类似的。其关系可表示如图 7-7。

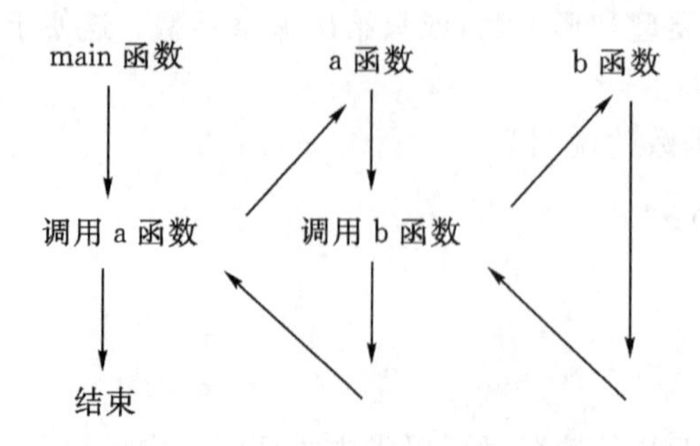

图 7-7　函数嵌套调用示意图

图 7-7 表示了两层嵌套的情形。其执行过程是:执行 main 函数中调用 a 函数的语句时,即转去执行 a 函数,在 a 函数中调用 b 函数时,又转去执行 b 函数,b 函数执行完毕返回 a 函数的断点继续执行,a 函数执行完毕返回 main 函数的断点继续执行。

【例 7.9】 计算 $s=2^2!+3^2!$

本题可编写两个函数,一个是用来计算平方值的函数 f1,另一个是用来计算阶乘值的函数 f2。主函数先调 f1 计算出平方值,再在 f1 中以平方值为实参,调用 f2 计算其阶乘值,然后返回 f1,再返回主函数,在循环程序中计算累加和。

```
long f1(int p)
{
    int k;
    long r;
    long f2(int);
    k = p * p;
    r = f2(k);
    return r;
}
long f2(int q)
{
    long c = 1;
    int i;
    for(i = 1;i< = q;i++)
      c = c * i;
    return c;
}
main()
{
    int i;
    long s = 0;
    for (i = 2;i< = 3;i++)
      s = s + f1(i);
}
```

在程序中,函数 f1 和 f2 均为长整型,都在主函数之前定义,故不必再在主函数中对 f1 和 f2 加以说明。在主程序中,执行循环程序依次把 i 值作为实参调用函数 f1 求 i^2 值。在 f1 中又发生对函数 f2 的调用,这时是把 i^2 的值作为实参去调 f2,在 f2 中完成求 $i^2!$ 的计算。f2 执行完毕把 C 值(即 $i^2!$)返回给 f1,再由 f1 返回主函数实现累加。至此,由函数的嵌套调用实现了题目的要求。由于数值很大,所以函数和一些变量的类型都说明为长整型,否则会造成计算错误。

(七)函数的递归调用

一个函数在它的函数体内调用它自身称为递归调用。这种函数称为递归函数。C语言允许函数的递归调用。在递归调用中,主调函数又是被调函数。执行递归函数将反复调用其自身,每调用一次就进入新的一层。

例如有函数f如下:

```
int f(int x)
{
    int y;
    z = f(y);
    return z;
}
```

这个函数是一个递归函数。但是运行该函数将无休止地调用其自身,这当然是不正确的。为了防止递归调用无终止地进行,必须在函数内有终止递归调用的手段。常用的办法是加条件判断,满足某种条件后就不再作递归调用,然后逐层返回。下面举例说明递归调用的执行过程。

【例7.10】 用递归法计算n!

用递归法计算n! 可用下述公式表示:

n! =1 (n=0,1)

n×(n-1)! (n>1)

按公式可编程如下:

```
long ff(int n)
{
    long f;
    if(n<0)
    else if(n= =0||n= =1) f=1;
    else f=ff(n-1)*n;
    return(f);
}
main()
{
    int n;
    long y;
    y=ff(n);
}
```

程序中给出的函数ff是一个递归函数。主函数调用ff后即进入函数ff执行,如果n<0,n==0或n=1时都将结束函数的执行,否则就递归调用ff函数自身。由于每次递归调用的

实参为 n－1,即把 n－1 的值赋予形参 n,最后当 n－1 的值为 1 时再作递归调用,形参 n 的值也为 1,将使递归终止。然后可逐层退回。

下面我们再举例说明该过程。设执行本程序时输入为 5,即求 5!。在主函数中的调用语句即为 y=ff(5),进入 ff 函数后,由于 n=5,不等于 0 或 1,故应执行 f=ff(n－1) * n,即 f=ff(5－1) * 5。该语句对 ff 作递归调用即 ff(4)。

进行四次递归调用后,ff 函数形参取得的值变为 1,故不再继续递归调用而开始逐层返回主调函数。ff(1)的函数返回值为 1,ff(2)的返回值为 1 * 2=2,ff(3)的返回值为 2 * 3=6,ff(4)的返回值为 6 * 4=24,最后返回值 ff(5)为 24 * 5=120。

例 7.10 也可以不用递归的方法来完成。如可以用递推法,即从 1 开始乘以 2,再乘以 3…直到 n。递推法比递归法更容易理解和实现。但是有些问题则只能用递归算法才能实现。典型的问题是 Hanoi 塔问题。

【例 7.11】 Hanoi 塔问题。

一块板上有三根针,A,B,C。A 针上套有 64 个大小不等的圆盘,大的在下,小的在上。要把这 64 个圆盘从 A 针移动 C 针上,每次只能移动一个圆盘,移动可以借助 B 针进行。但在任何时候,任何针上的圆盘都必须保持大盘在下,小盘在上。求移动的步骤。

本题算法分析如下,设 A 上有 n 个盘子。

如果 n=1,则将圆盘从 A 直接移动到 C。

如果 n=2,则:

1.将 A 上的 n－1(等于 1)个圆盘移到 B 上;

2.再将 A 上的一个圆盘移到 C 上;

3.最后将 B 上的 n－1(等于 1)个圆盘移到 C 上。

如果 n=3,则:

A.将 A 上的 n－1(等于 2,令其为 n′)个圆盘移到 B(借助于 C),步骤如下:

(1)将 A 上的 n′－1(等于 1)个圆盘移到 C 上。

(2)将 A 上的一个圆盘移到 B。

(3)将 C 上的 n′－1(等于 1)个圆盘移到 B。

B.将 A 上的一个圆盘移到 C。

C.将 B 上的 n－1(等于 2,令其为 n′)个圆盘移到 C(借助 A),步骤如下:

(1)将 B 上的 n′－1(等于 1)个圆盘移到 A。

(2)将 B 上的一个盘子移到 C。

(3)将 A 上的 n′－1(等于 1)个圆盘移到 C。

到此,完成了三个圆盘的移动过程。

从上面分析可以看出,当 n 大于等于 2 时,移动的过程可分解为三个步骤:

第一步 把 A 上的 n－1 个圆盘移到 B 上;

第二步 把 A 上的一个圆盘移到 C 上;

第三步 把 B 上的 n－1 个圆盘移到 C 上;其中第一步和第三步是类同的。

当 n=3 时,第一步和第三步又分解为类同的三步,即把 n′－1 个圆盘从一个针移到另一个针上,这里的 n′=n－1。显然这是一个递归过程,据此算法可编程如下:

```
move(int n,int x,int y,int z)
```

```
{
    if(n = = 1)
    else
    {
      move(n - 1,x,z,y);
      move(n - 1,y,x,z);
    }
}
main()
{
    int h;
    move(h,'a','b','c');
}
```

四、能力拓展

【例 7.12】 八段数码管显示。

```
#include "reg52.h"
#include "intrins.h"
void display(unsigned char seg_i)
{
    switch(seg_i)
    {
      case 0 :SEG_LED = 0xbf;break;
      case 1 :SEG_LED = 0x86;break;
      case 2 :SEG_LED = 0xdb;break;
      case 3 :SEG_LED = 0xcf;break;
      case 4 :SEG_LED = 0xe6;break;
      case 5 :SEG_LED = 0xed;break;
      case 6 :SEG_LED = 0xfd;break;
      case 7 :SEG_LED = 0x87;break;
      case 8 :SEG_LED = 0xff;break;
      case 9 :SEG_LED = 0xef;break;
      default:SEG_LED = 0x80;
    }
}
void main(void)
{
    display(8);          //数码管显示8,即表示全亮
```

```
}
```

程序说明：

display(8)：display()函数为用户自定义的函数，供其他用户可以调用使用。该函数功能为：数码管显示相应的内容，"8"表示显示内容，display(8)即让数码管显示内容8，依次类推。具体详见C语言知识函数概念。

【作业】数码管全部熄灭编程并仿真实现。

【例7.13】 根据数码管亮、灭原理，要求编程实现数码管显示"0"内容。

```
#include <reg52.h>
#include "intrins.h"
#define SEG_LED P0
{
    SEG_LED = 0x3f;
}
```

任务二　动态值显示器设计与实现

一、任务要求

通过学习数码管硬件结构原理和工作方式，在固定值显示的编程训练基础上，学习数码管动态显示的编程原理和技巧。C语言编程实现数码动态数字0、1、2、3、4、5、6、7、8、9、A、B、C、D、E、F的滚动显示。

二、具体实现

【例7.14】 数码管动态0到3循环显示。

```
#include <reg52.h>
#define SEG_LED P0
void delayms(unsigned int ms)                //【函数】
{
    unsigned char t;
    while(ms--)
    {
      for(t=0;t<250;t++);
    }
}
void main(void)
{
    while(1)
    {
```

```
        SEG_LED = 0x3f;
        delayms(250);
        SEG_LED = 0x06;
        delayms(250);
        SEG_LED = 0x5B
        delayms(250);
        SEG_LED = 0x4f;
        delayms(250);
    }
}
```

【例 7.15】 数码管动态 0 到 9 循环显示。

```
#include <reg52.h>
#define SEG_LED P0
void delayms(unsigned int ms)                    //【函数】
{
    unsigned char t;
    while(ms--)
    {
        for(t=0;t<250;t++);
    }
}
void main(void)
{
    while(1)
    {
        SEG_LED = 0x3f;
        delayms(200);
        SEG_LED = 0x06;
        delayms(200);
        SEG_LED = 0x5b
        delayms(200);
        SEG_LED = 0x4f;
        delayms(200);
        SEG_LED = 0x66;
        delayms(200);
        SEG_LED = 0x6d;
        delayms(200);
        SEG_LED = 0x7d
```

```
        delayms(200);
        SEG_LED = 0x07;
        delayms(200);
        SEG_LED = 0x7f;
        delayms(200);
        SEG_LED = 0x6f;
        delayms(200);
    }
}
```

【例 7.16】 用数组方法实现数码管显示。

```
#include<reg52.h>
#define LED_zhx P0
unsigned char k;
unsigned char data1[10] = {0xbf,0x86,0xdb,0xcf,0xe6,0xed,0xfd,0x87,0xff,0xef};

void delayms(unsigned char x)
{
    unsigned char i;
    while(x--)
    {
      for(i = 250;i>0;i--);
    }
}

void main(void)
{
    k = 0;
    while(1)
    {
      LED_zhx = data1[k];
      delayms(200);
      if(k<9)
      {
        k++;
      }
      else
      {
        K = 0;
```

```
        }
    }
}
```

【例 7.17】 用子函数方法实现数码管显示。

```
#include<reg52.h>
#define SEG_LED P0
void delayms(void)
{
    unsigned char x = 250;
    unsigned i;
    while(x--)
    {
        i = 0;
        while(i<250)
        {
            i = i + 1;
        }
    }
}

void LED_display(unsigned char seg_i)
{
    switch(seg_i)
    {
        case 0:SEG_LED = 0xbf;break;
        case 1:SEG_LED = 0x86;break;
        case 2:SEG_LED = 0xdb;break;
        case 3:SEG_LED = 0xcf;break;
        case 4:SEG_LED = 0xe6;break;
        case 5:SEG_LED = 0xed;break;
        case 6:SEG_LED = 0xfd;break;
        case 7:SEG_LED = 0x87;break;
        case 8:SEG_LED = 0xff;break;
        case 9:SEG_LED = 0xef;break;
        default:SEG_LED = 0x80;
    }
    //return(SEG_LED);
}
```

```
void main(void)
{
    unsigned char i;
    while(1)
    {
        for(i = 0;i<10;i ++ )
        {
            //temp_i = aaaa(i); //显示
            LED_display(i);
            delayms(); //延时
        }
    }
}
```

三、相关知识—if、switch、数组、数组变量

(一)if 语句

用 if 语句可以构成分支结构。它根据给定的条件进行判断,以决定执行某个分支程序段。C 语言的 if 语句有三种基本形式。

1. if 语句的三种形式

(1)第一种形式为基本形式:if。

if(表达式) 语句

其语义是:如果表达式的值为真,则执行其后的语句,否则不执行该语句。其过程可表示如图 7 - 8 所示。

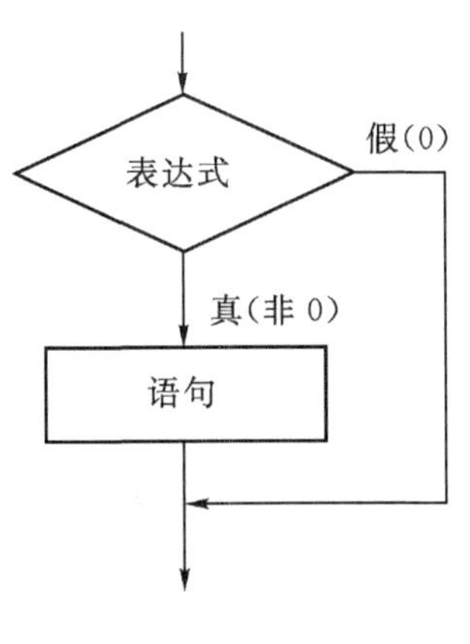

图 7 - 8 选择结构

本例程序中,输入两个数 a,b。把 a 先赋予变量 max,再用 if 语句判别 max 和 b 的大小,如 max 小于 b,则把 b 赋予 max。因此 max 中总是大数,最后输出 max 的值。

(2)第二种形式为：if-else。

```
if(表达式)
语句 1;
    else
语句 2;
```

其语义是:如果表达式的值为真,则执行语句 1,否则执行语句 2。其执行过程如图 7-9 所示。

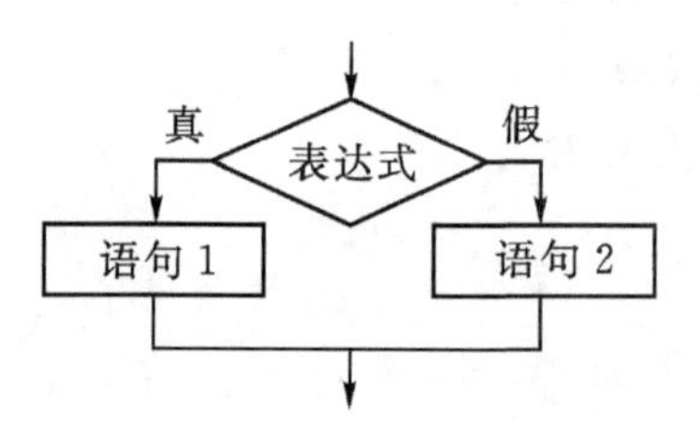

图 7-9　多分支结构

输入两个整数,输出其中的大数。

改用 if-else 语句判别 a,b 的大小,若 a 大,则输出 a,否则输出 b。

(3)第三种形式为 if-else-if 形式。

前二种形式的 if 语句一般都用于两个分支的情况。当有多个分支选择时,可采用 if-else-if 语句,其一般形式为:

```
if(表达式 1)
语句 1;
    else if(表达式 2)
语句 2;
    else if(表达式 3)
语句 3;
…
    else if(表达式 m)
语句 m;
    else
语句 n;
```

其语义是:依次判断表达式的值,当出现某个值为真时,则执行其对应的语句。然后跳到整个 if 语句之外继续执行程序。如果所有的表达式均为假,则执行语句 n。然后继续执行后续程序。if-else-if 语句的执行过程如图 7-10 所示。

本例要求判别键盘输入字符的类别。可以根据输入字符的 ASCII 码来判别类型。由 ASCII 码表可知 ASCII 值小于 32 的为控制字符。在“0”和“9”之间的为数字,在“A”和“Z”之间为大写字母,在“a”和“z”之间为小写字母,其余则为其他字符。这是一个多分支选择的问题,用 if-else-if 语句编程,判断输入字符 ASCII 码所在的范围,分别给出不同的输出。例如输

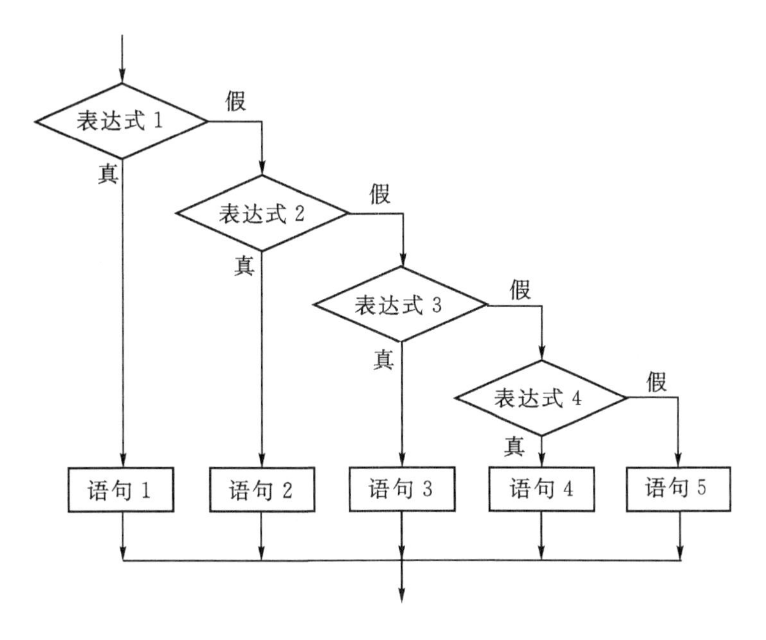

图 7-10　多分支结构

入为“g”,输出显示它为小写字符。

在使用 if 语句中还应注意以下问题。

1)在三种形式的 if 语句中,在 if 关键字之后均为表达式。该表达式通常是逻辑表达式或关系表达式,但也可以是其他表达式,如赋值表达式等,甚至也可以是一个变量。例如:

```
if(a = 5)语句;
if(b)语句;
```

都是允许的。只要表达式的值为非 0,即为“真”。如在:

```
if(a = 5)…;
```

中表达式的值永远为非 0,所以其后的语句总是要执行的,当然这种情况在程序中不一定会出现,但在语法上是合法的。又如,有程序段:

```
if(a = b)
else;
```

本语句的语义是,把 b 值赋予 a,如为非 0 则输出该值,否则输出“a=0”字符串。这种用法在程序中是经常出现的。

2)在 if 语句中,条件判断表达式必须用括号括起来,在语句之后必须加分号。

3)在 if 语句的三种形式中,所有的语句应为单个语句,如果要想在满足条件时执行一组(多个)语句,则必须把这一组语句用{}括起来组成一个复合语句。但要注意的是在}之后不能再加分号。例如:

```
if(a>b)
{
```

```
    a++;
    b++;
}
else
{
    a=0;
    b=10;
}
```

2. if语句的嵌套

当if语句中的执行语句又是if语句时，则构成了if语句嵌套的情形。其一般形式可表示如下：

```
if(表达式)
if 语句;
```

或者为

```
if(表达式)
if 语句;
else
if 语句;
```

在嵌套内的if语句可能又是if-else型的，这将会出现多个if和多个else重叠的情况，这时要特别注意if和else的配对问题。例如：

```
if(表达式 1)
if(表达式 2)
语句 1;
else
语句 2;
```

其中的else究竟是与哪一个if配对呢？

应该理解为：

```
if(表达式 1)
    if(表达式 2)
语句 1;
    else
    语句 2;
```

还是应理解为：

```
if(表达式 1)
    if(表达式 2)
```

```
语句 1;
    else
    语句 2;
```

为了避免这种二义性，C 语言规定 else 总是与它前面最近的 if 配对，因此对上述例子应按前一种情况理解。比较两个数的大小关系。本例中用了 if 语句的嵌套结构。采用嵌套结构实质上是为了进行多分支选择，实际上有三种选择即 A>B、A<B 或 A=B。这种问题用 if-else-if语句也可以完成。而且程序更加清晰。因此，在一般情况下较少使用 if 语句的嵌套结构。以使程序更便于阅读理解。

3. 条件运算符和条件表达式

如果在条件语句中，只执行单个的赋值语句时，常可使用条件表达式来实现。不但使程序简洁，也提高了运行效率。

条件运算符为"?"和":"，它是一个三目运算符，即有三个参与运算的量。

由条件运算符组成条件表达式的一般形式为：

表达式 1? 表达式 2:表达式 3

其求值规则为：如果表达式 1 的值为真，则以表达式 2 的值作为条件表达式的值，否则以表达式 2 的值作为整个条件表达式的值。

条件表达式通常用于赋值语句之中。例如条件语句：

```
if(a>b) max=a;
else max=b;
```

可用条件表达式写为

```
max=(a>b)? a:b;
```

执行该语句的语义是：如 a>b 为真，则把 a 赋予 max，否则把 b 赋予 max。使用条件表达式时，还应注意以下几点：

1)条件运算符的运算优先级低于关系运算符和算术运算符，但高于赋值符。因此 max=(a>b)? a:b. 可以去掉括号而写为：max=a>b? a:b。

2)条件运算符? 和:是一对运算符，不能分开单独使用。

3)条件运算符的结合方向是自右至左。

例如：a>b? a:c>d? c:d 应理解为：a>b? a:(c>d? c:d)。

这也就是条件表达式嵌套的情形，即其中的表达式 3 又是一个条件表达式。

(二)switch 语句

C 语言还提供了另一种用于多分支选择的 switch 语句，其一般形式为：

```
switch(表达式)
{
    case 常量表达式 1: 语句 1;
    case 常量表达式 2: 语句 2;
    …
    case 常量表达式 n : 语句 n;
```

```
    default          :语句 n+1;
}
```

其语义是:计算表达式的值。并逐个与其后的常量表达式值相比较,当表达式的值与某个常量表达式的值相等时,即执行其后的语句,然后不再进行判断,继续执行后面所有 case 后的语句。如表达式的值与所有 case 后的常量表达式均不相同时,则执行 default 后的语句。

在使用 switch 语句时还应注意以下几点:

1)在 case 后的各常量表达式的值不能相同,否则会出现错误。

2)在 case 后,允许有多个语句,可以不用{}括起来。

3)各 case 和 default 子句的先后顺序可以变动,而不会影响程序执行结果。default 子句可以省略不用。

(三)一维数组的定义

在C语言中使用数组必须先进行定义。

一维数组的定义方式为:

```
类型说明符 数组名[常量表达式];
```

其中:

1)类型说明符是任一种基本数据类型或构造数据类型。

2)数组名是用户定义的数组标识符。

3)方括号中的常量表达式表示数据元素的个数,也称为数组的长度。

例如:

```
int a[10];              说明整型数组 a,有 10 个元素。
float b[10],c[20];      说明实型数组 b,有 10 个元素,实型数组 c,有 20 个元素。
char ch[20];            说明字符数组 ch,有 20 个元素。
```

对于数组类型说明应注意以下几点:

1)数组的类型实际上是指数组元素的取值类型。对于同一个数组,其所有元素的数据类型都是相同的。

2)数组名的书写规则应符合标识符的书写规定。

3)数组名不能与其他变量名相同。例如:

```
smain()
{
    int a;
    float a[10];
    ……
}
```

是错误的。

4)方括号中常量表达式表示数组元素的个数,如 a[5]表示数组 a 有 5 个元素。但是其下标从 0 开始计算。因此 5 个元素分别为 a[0],a[1],a[2],a[3],a[4]。

5)不能在方括号中用变量来表示元素的个数,但是可以是符号常数或常量表达式。例如:

```
#define FD 5
main()
{
    int a[3+2],b[7+FD];
    ……
}
```

是合法的。

但是下述说明方式是错误的。

```
main()
{
    int n=5;
    int a[n];
    ……
}
```

6)允许在同一个类型说明中,说明多个数组和多个变量。

例如:

```
int a,b,c,d,k1[10],k2[20];
```

(四)一维数组元素的引用

数组元素是组成数组的基本单元。数组元素也是一种变量,其标识方法为数组名后跟一个下标。下标表示了元素在数组中的顺序号。

数组元素的一般形式为:

```
数组名[下标]
```

其中下标只能为整型常量或整型表达式。如为小数时,C编译将自动取整。

例如:

```
a[5]
a[i+j]
a[i++]
```

都是合法的数组元素。

数组元素通常也称为下标变量。必须先定义数组,才能使用下标变量。在C语言中只能逐个地使用下标变量,而不能一次引用整个数组。

例如,输出有10个元素的数组必须使用循环语句逐个输出各下标变量:

```
for(i=0; i<10; i++)
```

而不能用一个语句输出整个数组。

【例 7.18】 一维数组使用例题 1。

```
void main(void)
{
    int i,a[10];
    for(i = 0;i< = 9;i ++ )
    a[i] = i;
    for(i = 9;i> = 0;i -- )
}
```

【例 7.19】 一维数组使用例题 2。

```
void main(void)
{
    int i,a[10];
    for(i = 0;i<10;)
    a[i ++ ] = i;
    for(i = 9;i> = 0;i -- )
}
```

【例 7.20】 一维数组使用例题 3。

```
void main(void)
{
    int i,a[10];
    for(i = 0;i<10;)
    a[i ++ ] = 2i + 1;
    for(i = 0;i< = 9;i ++ )
}
```

(五)一维数组的初始化

给数组赋值的方法除了用赋值语句对数组元素逐个赋值外,还可采用初始化赋值和动态赋值的方法。

数组初始化赋值是指在数组定义时给数组元素赋予初值。数组初始化是在编译阶段进行的。这样将减少运行时间,提高效率。

初始化赋值的一般形式为:

类型说明符 数组名[常量表达式] = {值,值……值};

其中在{ }中的各数据值即为各元素的初值,各值之间用逗号间隔。

例如:

```
int a[10] = { 0,1,2,3,4,5,6,7,8,9 };
```

相当于 a[0]=0;a[1]=1...a[9]=9;

C 语言对数组的初始化赋值还有以下几点规定：

(1)可以只给部分元素赋初值。

当{ }中值的个数少于元素个数时，只 给前面部分元素赋值。例如：

```
int a[10] = {0,1,2,3,4};
```

表示只给 a[0]～a[4]5 个元素赋值，而后 5 个元素自动赋 0 值。

(2)只能给元素逐个赋值，不能给数组整体赋值。例如给十个元素全部赋 1 值，只能写为：

```
int a[10] = {1,1,1,1,1,1,1,1,1,1};
```

而不能写为：

```
int a[10] = 1;
```

(3)如给全部元素赋值，则在数组说明中，可以不给出数组元素的个数。例如：

```
int a[5] = {1,2,3,4,5};
```

可写为：

```
int a[] = {1,2,3,4,5};
```

(六)字符数组的定义

形式与前面介绍的数值数组相同。

例如：

```
char c[10];
```

由于字符型和整型通用，也可以定义为 int c[10]但这时每个数组元素占 2 个字节的内存单元。

字符数组也可以是二维或多维数组。

例如：

```
char c[5][10];
```

即为二维字符数组。

(七)字符数组的初始化

字符数组也允许在定义时作初始化赋值。例如：

```
char c[10] = {'c', ' ', 'p', 'r', 'o', 'g', 'r', 'a', 'm'};
```

赋值后各元素的值为：

```
数组 C c[0]的值为'c'
       c[1]的值为' '
       c[2]的值为'p'
       c[3]的值为'r'
```

c[4]的值为'0'

c[5]的值为'g'

c[6]的值为'r'

c[7]的值为'a'

c[8]的值为'm'

其中 c[9]未赋值,由的值为'p'系统自动赋予 0 值。

当对全体元素赋初值时也可以省去长度说明。例如:

```
char c[] = {'c',' ','p','r','o','g','r','a','m'};
```

这时 C 数组的长度自动定为 9。

(八)数组作为函数参数

数组可以作为函数的参数使用,进行数据传送。数组用作函数参数有两种形式,一种是把数组元素(下标变量)作为实参使用;另一种是把数组名作为函数的形参和实参使用。

1. 数组元素作函数实参

数组元素就是下标变量,它与普通变量并无区别。因此它作为函数实参使用与普通变量是完全相同的,在发生函数调用时,把作为实参的数组元素的值传送给形参,实现单向的值传送。

2. 数组名作为函数参数

用数组名作函数参数与用数组元素作实参有几点不同:

1)用数组元素作实参时,只要数组类型和函数的形参变量的类型一致,那么作为下标变量的数组元素的类型也和函数形参变量的类型是一致的。因此,并不要求函数的形参也是下标变量。换句话说,对数组元素的处理是按普通变量对待的。用数组名作函数参数时,则要求形参和相对应的实参都必须是类型相同的数组,都必须有明确的数组说明。当形参和实参二者不一致时,就会发生错误。

2)在普通变量或下标变量作函数参数时,形参变量和实参变量是由编译系统分配的两个不同的内存单元。在函数调用时发生的值传送是把实参变量的值赋予形参变量。在用数组名作函数参数时,不是进行值的传送,即不是把实参数组的每一个元素的值都赋予形参数组的各个元素。因为实际上形参数组并不存在,编译系统不为形参数组分配内存。那么,数据的传送是如何实现的呢?在我们曾介绍过,数组名就是数组的首地址。因此在数组名作函数参数时所进行的传送只是地址的传送,也就是说把实参数组的首地址赋予形参数组名。形参数组名取得该首地址之后,也就等于有了实在的数组。实际上是形参数组和实参数组为同一数组,共同拥有一段内存空间。

图 7-11 说明了这种情形。图中设 a 为实参数组,类型为整型。a 占有以 2000 为首地址的一块内存区。b 为形参数组名。当发生函数调用时,进行地址传送,把实参数组 a 的首地址传送给形参数组名 b,于是 b 也取得该地址 2000。那么 a,b 两数组共同占有以 2000 为首地址的一段连续内存单元。从图中还可以看出 a 和 b 下标相同的元素实际上也占相同的两个内存单元(整型数组每个元素占二字节)。例如 a[0]和 b[0]都占用 2000 和 2001 单元,当然 a[0]等

于 b[0]。类推则有 a[i]等于 b[i]。

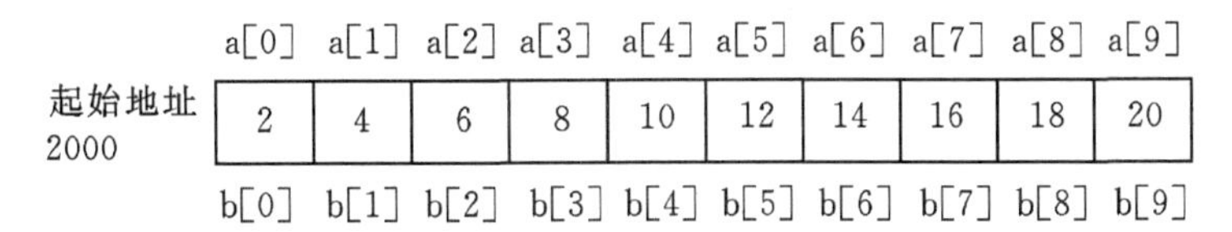

图 7-11　实参与形参数组

四、能力拓展

【例 7.21】 数码管闪烁。

```
#include<reg52.h>
#define SEG_LED P0
void delayms()
{
    unsigned char x = 250;
    unsigned i;
    while(x--)
    {
        i = 0;
        while(i<250)
        {
            i = i + 1;
        }
    }
}
void main(void)
{
    while(1)
    {
        SEG_LED = 0x00;
        delayms();
        SEG_LED = 0xff;
        delayms();
    }
}
```

【例 7.22】 数码管内容依次增加循环。

```
#include<reg52.h>
#define SEG_LED P0
```

```
unsigned char data1[10] = {0xbf,0x86,0xdb,0xcf,0xe6,0xed,0xfd,0x87};
void delayms()
{
    unsigned char x = 250;
    unsigned char i;
    while(x--)
    {
        i = 0;
        while(i<250)
        {
            i = i + 1;
        }
    }
}
unsigned char i;
void main()
{
    while(1)
    {
        i = 0;
        while(i<8)
        {
            SEG_LED = data1[i];
            delayms();
            i = i + 1;
        }
    }
}
```

【例 7.23】 实现数码管外围管循环点亮。

```
#include <reg52.h>
#define SMG_DATA P0
unsigned char k;
unsigned char SMG_data[6] = {0x01,0x02,0x04,0x08,0x10,0x20};

void delayms(unsigned char x)
{
    unsigned char i;
    while(x--)
```

```
    {
        for(i = 250;i>0;i--);
    }
}

void main(void)
{
    k = 0;
    while(1)
    {
        SMG_DATA = SMG_data[k];
        delayms(300);
        if(k<=9)
        {
            k++;
        }
        else
        {
            k = 0;
        }
    }
}
```

项目八　播放器设计与实现

项目目标导读

知识目标

(1)掌握数组的概念、定义、使用方法;

(2)掌握函数的定义、申明、调用方法;

(3)掌握程序文件及文件结构、预处理命令概念、定义、使用方法;

(4)熟悉外内部函数、局部与全局变量、外部变量、静态变量概念;

(5)熟悉蜂鸣器硬件结构与工作原理。

能力目标

(1)会定义数组和使用数组变量;

(2)熟练使用定义、调用函数;

(3)能灵活定义全局变量、局部变量、静态变量、外部变量等;

(4)能编程实现蜂鸣器发声。

项目背景

音乐播放器是一种用于播放音乐的设备,一般包括硬件和软件两部分。本项目在仿真电路下,通过C语言编程实现音乐的播放功能。音乐播放器是通过产生不同频率信号的电平输出到扬声器而播放音乐的。音乐由音符组成,不同的音符由不同的频率产生,用硬件产生与音符相同的频率,这样就能播放声音。产生不同的音频需要有不同固定周期的脉冲信号,要产生音频脉冲,只要算出某一音频的周期T,然后将周期除以2,得到半周期的时间。硬件通过初始化输出一定频率的脉冲,然后输出到扬声器,就可以播放音乐了。

假设演奏音乐是单音频率,它不包含相应幅度的谐波频率,也就是说不会像电子琴那样能奏出多种音色的声音。因此播放时只需弄清楚两个概念,即“音调”和“节拍”。音调表示一个音符唱多高的频率,音乐中有7个基本音符DO、RE、Ml、FA、so、LA、SI,再加上5个半音Do#、RE#、FA#、s0#、LA#共12个音符,此外还有低、中、高3种音,一共有36个音调,即36个频率,其对应频率见下表8-1。

表8-1　音符与频率关系

低音音符	频率/Hz	中音音符	频率/Hz	高音音符	频率/Hz
低 1DO	262	中 1DO	523	高 1DO	1046
#1DO#	277	#1DO#	554	#1DO#	1109
低 2RE	294	中 2RE	578	高 2RE	1175
#2RE#	311	#2RE#	622	#2RE#	1245
低 3MI	330	中 3MI	659	高 3MI	1318

续表 8-1

低音音符	频率/Hz	中音音符	频率/Hz	高音音符	频率/Hz
低 4FA	349	中 4FA	698	高 4FA	1480
＃4FA＃	370	＃4FA＃	740	＃4FA＃	1480
低 5SO	392	中 5SO	784	高 5SO	1568
＃5SO＃	415	＃5SO＃	831	＃5SO＃	1661
低 6LA	440	中 6LA	880	高 6LA	1760
＃6LA＃	466	＃6LA＃	932	＃6LA＃	1865
低 7SI	494	中 7SI	988	高 7SI	1976

节拍表示一个音符唱多长的时间，如果 l 拍为 0.4s，1/4 拍就是 0.ls。只要设定延迟时间，就可求得节拍的时间。假设 1/4 拍为 ldelay，则 l 拍应为 4delay，以此类推。所以只要求得 1/4 拍 ldelay 时间，其余的节拍就是它的倍数。在此将 1/4 拍的延时时间设为 120ms，其他节拍是这个基本延时的整数倍，节拍码如下表 8-2 所示。

表 8-2　节拍码

1	1/4 拍
2	2/4 拍
3	3/4 拍
4	1 拍
5	1 又 1/4 拍
6	1 又 1/2 拍
8	2 拍
A	2 又 1/2 拍
C	3 拍
F	3 又 3/4 拍

任务一　音符播放器设计与实现

一、任务要求

根据蜂鸣器发声原理，当蜂鸣器输入不同频率的脉冲信号时，就会产生不同的声音效果，且当该频率与固定音符发声频率一致，就能产生 DO、RE、Ml、FA、SO、LA、SI 等音符。下面请大家利用所学 C 语言编程知识，实现单个音符的播放。具体包括连续播放单个音符、播放固定节拍的单个音符等。

通过蜂鸣器实现 DO、RE、Ml、FA、SO、LA、SI 等音符连续播放，利用所学 C 语言知识编程实现。

二、具体实现

【例 8.1】 连续播放单个音。

```
#include <reg52.h>
#include "intrins.h"
sbit SPEAKER = po^7;
void delayms(unsigned int x)          //延时函数delayms()申明和定义【入口参数】
{                                      //延时函数开始
    unsigned char i;
    while(x--)
    {
      for(i = 250;i>0;i--);
    }
}                                      //延时函数结束
void Play(unsigned char t)             //播放单音符函数Play()【入口参数】
{                                      //播放单音符函数开始【脉冲信号产生原理】
    unsigned char i;
    for(i = 0;i<100;i++)
    {
      SPEAKER = ~SPEAKER;
      delayms(t);
    }
    SPEAKER = 0;
}                                      //播放单音符函数结束
void main(void)                        //主函数
{
    while(1)
    {
      Play(1);                         //调用play()函数,已经在主函数前定义申明
    }
}
```

程序说明：

上面程序中,函数 play()为播放音乐功能,通过 Play()函数会产生一定频率的脉冲信号,如果把该信号输入到蜂鸣器,那么蜂鸣器就会发出该频率的声音。产生一定频率的脉冲信号编程原理参考教材知识。

SPEAKER = ~SPEAKER:SPEAKER 为用户定义的位变量,因为该位变量值变化可以引起蜂鸣器的声响。该语句为位变量 SPEAKER 取反。

【思考】改变不同的脉冲频率,编程实现其他音调的播放,并解释原理。

【例 8.2】 连续播放中音“DO”音。

```
#include<reg52.h>
#include "intrins.h"
Sbit SPEAKER = Po^7;
unsigned char code SONG_TONE[] = {159,142,126,119,106,95,84,80,0};
void delayms(unsigned int ms)
{
    unsigned char t;
    while(ms --)
    {
      for(t = 0;t<120;t ++);
    }
}
void PlayMusic()
{
    unsigned int k;
    while(1)
    {
      SPEAKER = ~SPEAKER;
      for(k = 0;k<SONG_TONE[0]/3;k ++);
    }
}
void main(void)
{
    while(1)
    {
      PlayMusic();
      delayms(500);
    }
}
```

程序说明：

unsigned char code SONG_TONE[]={159,142,126,119,106,95,84,80,0}:定义一个无符号字符型一维数组 SONG_TONE[]。其中数组名称为 SONG_TONE。该数组定义了产生 DO、RE、Ml、FA、so、LA、SI 等音符的数据代码值。“0”为结束符。

for(k=0;k<SONG_TONE[1]/3;k++):for 循环语句，判断 k 值是否小于 SONG_TONE[0]/3，SONG_TONE[0]为数组 SONG_TONE 中的第 1 个数据 159，即 SONG_TONE[0]为 159，SONG_TONE[1]为 142，依次类推。

【思考】编程实现多个不同音播放。

【例 8.3】 8个音符循环播放编程实现。

```
#include<reg52.h>
#include"intrins.h"
sbit SPEAKER = P2^1;
unsigned char code SONG_TONE[9] = {159,142,126,119,106,95,84,80,0};
void delayms(unsigned int ms)
{
    unsigned char t;
    while(ms--)
    {
        for(t = 0;t<120;t++);
    }
}
void PlayMusic(void)
{
    unsigned int k,temp_j;
    unsigned char temp_i;
    while(1)
    {
        for(temp_i = 0;temp_i<8;temp_i++)
        {
            for(temp_j = 0;temp_j<5000;temp_j++)
            {
                SPEAKER = ~SPEAKER;
                for(k = 0;k<SONG_TONE[temp_i];k++);
            }
        }
    }
}
void main(void)
{
    while(1)
    {
        PlayMusic();
        //delayms(500);
    }
}
```

三、相关知识—蜂鸣器、局部和全局变量、变量存储类型

(一)局部变量和全局变量

在讨论函数的形参变量时曾经提到,形参变量只在被调用期间才分配内存单元,调用结束立即释放。这一点表明形参变量只有在函数内才是有效的,离开该函数就不能再使用了。这种变量有效性的范围称变量的作用域。不仅对于形参变量,C 语言中所有的量都有自己的作用域。变量说明的方式不同,其作用域也不同。C 语言中的变量,按作用域范围可分为两种,即局部变量和全局变量。

1. 局部变量

局部变量也称为内部变量。局部变量是在函数内作定义说明的。其作用域仅限于函数内,离开该函数后再使用这种变量是非法的。

例如:

```
int f1(int a)                    /*函数 f1*/
{
int b,c;
……
}
a,b,c 有效
int f2(int x)                    /*函数 f2*/
{
int y,z;
……
}
x,y,z 有效
main()
{
    int m,n;
    ……
}
m,n 有效
```

在函数 f1 内定义了三个变量,a 为形参,b,c 为一般变量。在 f1 的范围内 a,b,c 有效,或者说 a,b,c 变量的作用域限于 f1 内。同理,x,y,z 的作用域限于 f2 内。m,n 的作用域限于 main 函数内。关于局部变量的作用域还要说明以下几点:

1)主函数中定义的变量也只能在主函数中使用,不能在其他函数中使用。同时,主函数中也不能使用其他函数中定义的变量。因为主函数也是一个函数,它与其他函数是平行关系。这一点是与其他语言不同的,应予以注意。

2)形参变量是属于被调函数的局部变量,实参变量是属于主调函数的局部变量。

3)允许在不同的函数中使用相同的变量名,它们代表不同的对象,分配不同的单元,互不干扰,也不会发生混淆。如在前例中,形参和实参的变量名都为 n,是完全允许的。

4)在复合语句中也可定义变量,其作用域只在复合语句范围内。

例如:

```
main()
{
    int s,a;
    ……
{
    int b;
    s = a + b;
    ……                  /*b作用域*/
}
……                      /*s,a作用域*/
}
```

例如:

```
main()
{
    int i = 2,j = 3,k;
    k = i + j;
    {
      int k = 8;
    }
}
```

本程序在 main 中定义了 i,j,k 三个变量,其中 k 未赋初值。而在复合语句内又定义了一个变量 k,并赋初值为 8。应该注意这两个 k 不是同一个变量。在复合语句外由 main 定义的 k 起作用,而在复合语句内则由在复合语句内定义的 k 起作用。因此程序第 4 行的 k 为 main 所定义,其值应为 5。第 7 行输出 k 值,该行在复合语句内,由复合语句内定义的 k 起作用,其初值为 8,故输出值为 8,第 9 行输出 i,k 值。i 是在整个程序中有效的,第 7 行对 i 赋值为 3,故以输出也为 3。而第 9 行已在复合语句之外,输出的 k 应为 main 所定义的 k,此 k 值由第 4 行已获得为 5,故输出也为 5。

2. 全局变量

全局变量也称为外部变量,它是在函数外部定义的变量。它不属于哪一个函数,它属于一个源程序文件。其作用域是整个源程序。在函数中使用全局变量,一般应作全局变量说明。只有在函数内经过说明的全局变量才能使用。全局变量的说明符为 extern。但在一个函数之前定义的全局变量,在该函数内使用可不再加以说明。

例如：

```
int a,b;            /* 外部变量 */
void f1()           /* 函数 f1 */
{
  ……
}
float x,y;          /* 外部变量 */
int fz()            /* 函数 fz */
{
  ……
}
main()              /* 主函数 */
{
  ……
}
```

从上例可以看出 a、b、x、y 都是在函数外部定义的外部变量，都是全局变量。但 x，y 定义在函数 f1 之后，而在 f1 内又无对 x，y 的说明，所以它们在 f1 内无效。a，b 定义在源程序最前面，因此在 f1，f2 及 main 内不加说明也可使用。

【例 8.4】 外部变量与局部变量同名。

```
int a=3,b=5;        /* a,b 为外部变量 */
max(int a,int b)    /* a,b 为外部变量 */
{
    int c;
    c=a>b? a:b;
    return(c);
}
main()
{
    int a=8;
}
```

如果同一个源文件中，外部变量与局部变量同名，则在局部变量的作用范围内，外部变量被"屏蔽"，即它不起作用。

(二)变量的存储类别

1. 动态存储方式与静态动态存储方式

前面已经介绍了，从变量的作用域(即从空间)角度来分，可以分为全局变量和局部变量。从另一个角度，从变量值存在的作时间(即生存期)角度来分，可以分为静态存储方式和动态存储方式。

静态存储方式:是指在程序运行期间分配固定的存储空间的方式。

动态存储方式:是在程序运行期间根据需要进行动态的分配存储空间的方式。

用户存储空间可以分为 3 个部分,如表 8-3 所示。

表 8-3　用户区

程序区
静态存储区
动态存储区

全局变量全部存放在静态存储区,在程序开始执行时给全局变量分配存储区,程序执行完毕就释放。在程序执行过程中它们占据固定的存储单元,而不动态地进行分配和释放。

动态存储区存放以下数据:

①函数形式参数;

②自动变量(未加 static 声明的局部变量);

③函数调用时的现场保护和返回地址;

对以上这些数据,在函数开始调用时分配动态存储空间,函数结束时释放这些空间。在 c 语言中,每个变量和函数有两个属性:数据类型和数据的存储类别。

2. auto 变量

函数中的局部变量,如不专门声明为 static 存储类别,都是动态地分配存储空间的,数据存储在动态存储区中。函数中的形参和在函数中定义的变量(包括在复合语句中定义的变量)都属此类,在调用该函数时系统会给它们分配存储空间,在函数调用结束时就自动释放这些存储空间。这类局部变量称为自动变量。自动变量用关键字 auto 作存储类别的声明。

例如:

```
int f(int a)          /* 定义 f 函数,a 为参数 */
{
  auto int b,c = 3;  /* 定义 b,c 自动变量 */
  ……
}
```

a 是形参,b,c 是自动变量,对 c 赋初值 3。执行完 f 函数后,自动释放 a,b,c 所占的存储单元。

关键字 auto 可以省略,auto 不写则隐含定为"自动存储类别",属于动态存储方式。

3. 用 static 声明局部变量

有时希望函数中的局部变量的值在函数调用结束后不消失而保留原值,这时就应该指定局部变量为"静态局部变量",用关键字 static 进行声明。

【例 8.5】 考察静态局部变量的值。

```
f(int a)
```

```
{
  auto b = 0;
  static c = 3;
  b = b + 1;
  c = c + 1;
  return(a + b + c);
}
main()
{
    int a = 2,i;
    for(i = 0;i<3;i ++ )
}
```

对静态局部变量的说明：

1)静态局部变量属于静态存储类别，在静态存储区内分配存储单元。在程序整个运行期间都不释放。而自动变量(即动态局部变量)属于动态存储类别，占动态存储空间，函数调用结束后即释放。

2)静态局部变量在编译时赋初值，即只赋初值一次；而对自动变量赋初值是在函数调用时进行，每调用一次函数重新给一次初值，相当于执行一次赋值语句。

3)如果在定义局部变量时不赋初值的话，则对静态局部变量来说，编译时自动赋初值 0(对数值型变量)或空字符(对字符变量)。而对自动变量来说，如果不赋初值则它的值是一个不确定的值。

【例 8.6】 打印 1 到 5 的阶乘值。

```
int fac(int n)
{
    static int f = 1;
    f = f * n;
    return(f);
}
main()
{
    int i;
    for(i = 1;i< = 5;i ++ )
}
```

4. register 变量

为了提高效率，C 语言允许将局部变量的值放在 CPU 中的寄存器中，这种变量叫“寄存器变量”，用关键字 register 作声明。

【例 8.7】 使用寄存器变量。

```
int fac(int n)
{
    register int i,f = 1;
    for(i = 1;i< = n;i ++ )
    f = f * i;
    return(f);
}
main()
{
    int i;
    for(i = 0;i< = 5;i ++ )
}
```

说明：

①只有局部自动变量和形式参数可以作为寄存器变量；

②一个计算机系统中的寄存器数目有限，不能定义任意多个寄存器变量；

③局部静态变量不能定义为寄存器变量。

4. 用 extern 声明外部变量

外部变量(即全局变量)是在函数的外部定义的，它的作用域为从变量定义处开始，到本程序文件的末尾。如果外部变量不在文件的开头定义，其有效的作用范围只限于定义处到文件终了。如果在定义点之前的函数想引用该外部变量，则应该在引用之前用关键字 extern 对该变量作“外部变量声明”。表示该变量是一个已经定义的外部变量。有了此声明，就可以从“声明”处起，合法地使用该外部变量。

【例 8.8】 用 extern 声明外部变量，扩展程序文件中的作用域。

```
int max(int x,int y)
{
    int z;
    z = x>y? x:y;
    return(z);
}
main()
{
    extern A,B;
}
int A = 13,B = -8;
```

说明：在本程序文件的最后 1 行定义了外部变量 A,B，但由于外部变量定义的位置在函数 main 之后，因此本来在 main 函数中不能引用外部变量 A,B。现在我们在 main 函数中用 extern 对 A 和 B 进行“外部变量声明”，就可以从“声明”处起，合法地使用该外部变量 A 和 B。

四、能力拓展

【例 8.9】 播放一拍中音“Ml”音。

```
#include<reg52.h>
#include"intrins.h"
sbit SPEAKER = P1^0;
unsigned char temp_k = 0;
unsigned char code SONG_TONE[] = {159,142,126,119,106,95,84,80,0};
void delayms(unsigned int ms)
{
    unsigned char t;
    while(ms--)
    {
        for(t = 0;t<120;t++);
    }
}
void PlayMusic()
{
    unsigned int k,temp_j;
    for(temp_k = 0;temp_k<8;temp_k++)
    {
        for(temp_j = 0;temp_j<1000;temp_j++)
        {
            SPEAKER = ~SPEAKER;
            for(k = 0;k<SONG_TONE[temp_k]/3;k++);
        }
    }
}
void main(void)
{
    while(1)
    {
        PlayMusic();
        delayms(500);
    }
}
```

【例 8.10】 用数组法实现各种流水灯效果。

```
#include <reg52.h>
```

```
#include "intrins.h"
#define uchar unsigned char
#define uint unsigned int
#define LED_LEFT P3
uchar code Pattern_LED_LEFT[] = {0xfc,0xf9,0xf3,0xe7,0xcf,0x9f,0xd7,0x49,0xa9,
0xe4,0xc6};
uchar code Pattern_LED_RIGHT[] = {0xf5,0xf6,0xfe,0x54,0x56,0x76,0xd7,0x49,
0xa9,0xe4,0xc6};
  void DelayMS(uint x)
  {
    uchar t;
    while(x--)
    {
      for(t=120;t>0;t--);
    }
  }
  void main(void)
  {
    uchar i;
    while(1)
    {
      for(i=10;i>0;i--)
      {
        LED_LEFT=Pattern_LED_LEFT[i];
        LED_RIGHT=Pattern_LED_RIGHT[i];
        DelayMS(150);
      }
    }
  }
```

【作业】数组法跑马灯程序演示。

【例 8.11】 音调播放程序设计。

```
#include <reg52.h>
#include "intrins.h"
sbit SPEAKER=P2^1;
unsigned char code SONG_TONE[]={159,142,126,119,106,95,84,80,0};
void delayms(unsigned int ms)
{
    unsigned char t;
```

```
    while(ms--)
    {
      for(t=0;t<120;t++);
    }
}
void PlayMusic(void)
{
    unsigned int i =0,j,k;
    while(i<8)
    {
      for(j=0;j<240;j++)
      {
        SPEAKER = ~SPEAKER;
        for(k=0;k<SONG_TONE[i]/3;k++);
      }
      i++;
    }
}
void main(void)
{
    while(1)
    {
      PlayMusic();
      delayms(500);
    }
}
```

程序说明：

for(j=0;j<240;j++);i++:这两条指令用于控制音符的发音时间长短，240为计数值。

【作业】延长或缩短音调间隔时间程序设计。

【作业】音调间隔时间用数组法实现。

任务二　音乐播放器设计与实现

一、任务要求

通过蜂鸣器实现简单歌曲《祝你生日快乐》播放，利用所学C语言知识编程实现。

二、具体实现

【例8.12】《祝你生日快乐》歌曲播放。

```
#include <reg52.h>
#include "intrins.h"
sbit SPEAKER = P 2^1;
void delayms(unsigned int ms)
{
    unsigned char t;
    while(ms --)
    {
      for(t = 0;t<120;t ++ );
    }
}
void PlayMusic(void)
{
    unsigned int i = 0,j,k;
    while(SONG_LONG[i]! = 0||SONG_TONE[i]! = 0)
    {
      for(j = 0;j<SONG_LONG[i] * 20;j ++ )
      {
        SPEAKER = ~SPEAKER;
        for(k = 0;k<SONG_TONE[i]/3;k ++ );
      }
      delayms(10);
      i ++ ;
    }
}
void main(void)
{
    while(1)
    {
      PlayMusic();
      delayms(500);
    }
}
unsigned char code SONG_TONE[] = {212,212,190,212,159,169,212,212,190,212,142,
159,212,212,106,126,129,169,190,119,119,126,159,142,159,0};
unsigned char code SONG_LONG[] = {9,3,12,12,12,24,9,3,12,12,12,24,9,3,12,12,
12,12,12,9,3,12,12,12,24,0};
```

程序说明：

根据SONG_TONE[]数组规律，可以计算DO、RE、Ml、FA、so、LA、SI等音符代码的数组

为 SONG_TONE[]={159,142,126,119,106,95,84}

【例 8.13】《世上只有妈妈好》歌曲设计。

```
#include<reg52.h>
#include "intrins.h"
sbit SPEAKER = P2^1;
void delayms(unsigned int ms)
{
    unsigned char t;
    while(ms --)
    {
      for(t = 0;t<120;t ++ );
    }
}
void PlayMusic(void)
{
    unsigned int i = 0,j,k;
    while(SONG_LONG[i]! = 0||SONG_TONE[i]! = 0)
    {
      for(j = 0;j<SONG_LONG[i] * 20;j ++ )
      {
        SPEAKER = ~SPEAKER;
        for(k = 0;k<SONG_TONE[i]/3;k ++ );
      }
      delayms(10);
      i ++ ;
    }
}
void main(void)
{
    while(1)
    {
        PlayMusic();
        delayms(500);
    }
}
unsigned char code SONG_TONE[] = {63,71,85,71,53,63,71,63,85,71,63,71,85,107,126,
71,85,93,93,85,71,71,63,85,93,107,71,85,93,107,126,107,142,0};
unsigned char code SONG_LONG[] = {18,6,12,12,12,6,6,24,12,6,6,12,12,6,6,6,6,24,18,
6,12,6,6,12,12,24,18,6,6,6,6,6,48,0};
```

【作业】任意自选一首歌曲，编程实现。

【任务】选取任意一首歌曲，编程实现。

三、相关知识—函数范围、内部函数、外部函数、静态变量

函数本质上是全局的，因为一个函数要被另外的函数调用，但是，也可以指定函数不能被其他文件调用。根据函数能否被其他源文件调用，将函数区分为内部函数和外部函数。

(一)内部函数

如果一个函数只能被本文件中其他函数所调用，它称为内部函数。在定义内部函数时，在函数名和函数类型的前面加 static，即：

static 类型标识符函数名(形参表)；

例如：

```
static int fun(int a,int b);
```

内部函数又称静态函数，因为它是用 statlc 声明的。使用内部函数，可以使函数的作用域只局限于所在文件，在不同的文件中有同名的内部函数，互不干扰。这样不同的人可以分别编写不同的函数，而不必担心所用函数是否会与其他文件中函数同名，通常把只能由同一文件使用的函数和外部变量放在一个文件中，在它们前面都冠以 statlc 使之局部化，其他文件不能引用。

(二)外部函数

(1)在定义函数时，如果在函数首部的最左端加关键字 extern，则表示此函数是外部函数，可供其他文件调用。如函数首部可以写为：

Extern int fun(int a,int b)；

这样，函数 fun 就可以为其他文件调用。C 语言规定，如果在定义函数时省略 extern，则隐含为外部函数。本书前面所用的函数都是外部函数。

(2)在需要调用此函数的文件中，用 extern 对函数作声明，表示该函数是在其他文件中定义的外部函数。

【例 8.14】 有一个字符串，内有若干个字符，今输入一个字符，要求程序将字符串中该字符删去，用外部函数实现。

```
File1. c(文件 1)
#include <stdio. h>
void main()
{
    extern void enter_string( cha.tc[]),
    extern void delete_string char strEl .char ch)‘
    extern void print_string( char str[]);
    /*以上 3 行声明在率函数中将要调用的在其他文件中定义的 3 个函数*l
    char c;
```

```
    char str[80];
    enter_string ( str);
    delete_string( str. c)
}
File2.c(文件 2)
# include <stdio. h>
void enter_string( char str[80])          /*定义外部函数 enter_smng*/
{
    gets(str);                            /*向字符数组输入字符串*/
}
File3.c(文件 3)
# include <stdio. h>
delete_siring( char str[],char ch)        /*定义外部函数 delete_string*/
{
    Int i,j;
    for(i=j =0; str[i] ! = '\\0';i++)
      if(str[i]! =ch)
        str[j++]=str[i];
    str[j]! = '\\0';
}
File4.c(文件 4)
# include <stdio. h>
void print_string( char str[])            /*定义外部函数 printLstring*/
{
}
```

整个程序由 4 个文件组成。每个文件包含一个函数。主函数是主控函数,除声明部分外,由 4 个函数调用语句组成。其中 scanf 是库函数,另外 3 个是用户自己定义的函数。函数 delete_string 的作用是根据给定的字符串和要删除的字符 ch,对字符串作删除处理。

程序中 3 个函数都定义为外部函数。在 main 函数中用 extern 声明在 main 函数中用到的 enter_string、delete_string、print_string 是在其他文件中定义的外部函数。

通过此例可知:使用 extern 声明就能够在一个文件中调用其他文件中定义的函数,或者说把该函数的作用域扩展到本文件。extern 声明的形式就是在函数原型基础上加关键字 extern(见本例 main 函数中的声明形式)。由于函数在本质上是外部的,在程序中经常要调用外部函数,为方便编程,C 语言允许在声明函数时省写 extern。

由此可以进一步理解函数原型的作用。用函数原型能够把函数的作用域扩展到定义该函数的文件之外(不必使用 extern)。只要在使用该函数的每一个文件中包含该函数的函数原型即可。函数原型通知编译系统:该函数在本文件申稍后定义,或在另一文件中定义。

利用函数原型扩展函数作用域最常见的例子是# include 命令的应用。在前面几章中曾多次使用过# include 命令,并提到过:在#include 命令所指定的“头文件”中包含调用库函数时所需的信息。例如,在程序中需要调用 sin 函数,但三角函数并不是由用户在本文件中定义的,而是存放在数学函数库中的。按以上的介绍,必须在本文件中写出 sin 函数的原型,否则无法调用 sin 函数。sin 函数的原型是:

```
double sin(double x);
```

显然,要求程序设计者在调用库函数时先从手册中查出所用的库函数的原型,并在程序中一一写出来是十分麻烦而困难的。为减少程序设计者的困难,在头文件 math. h 中包括了所有数学函数的原型和其他有关信息,用户只需用以下 # include 命令:

```
# include <math.h>
```

在该文件中就能合法地调用各数学库函数了。

四、能力拓展

【例 8.15】 播放 2 首歌曲程序设计。

```
#include <reg52.h>
#include "intrins.h"
sbit SPEAKER = P2^1;
/*播放两首音乐*/
void main(void)
{
    while(1)
    {
      Music(1);                                  //生日快乐
      delay10ms(250);
      delay10ms(250);
      Music(2);                                  //三轮车
      delay10ms(250);
      delay10ms(250);
    }
}
void Music(unsigned char number)
{
    unsigned int k,n;
    unsigned int SoundLong,SoundTone;
    unsigned int i,j,m;
    for(k = 0;k<number - 1;k ++ )
    {
      while(SOUNDLONG[i] ! = 0)
      {
        i++;
```

```
      }
      i++;
      if(i>=57) i=0;
    }
    for(k=0;k<number-1;k++)
    {
      while(SOUNDTONE[j]!=0)
      {
        j++;
      }
      j++;
      if(j>=57) j=0;
    }
    do
    {
      if(i>=57) i=0;
      if(j>=57) j=0;
      SoundLong=SOUNDLONG[i];
      SoundTone=SOUNDTONE[j];
      i++;
      j++;
      for(n=0;n<SoundLong;n++)
      {
        for(k=0;k<12;k++)
        {
          SPEAKER=0;
          for(m=0;m<SoundTone/2;m++);
          SPEAKER=1;
          for(m=0;m<SoundTone/2;m++);
        }
      }
      delay50us(6);
    }while((SOUNDLONG[i]!=0)||(SOUNDTONE[j]!=0));
}
//延时程序
void delay10ms(unsigned char time)
{
    unsigned char a,b,c;
    for(a=0;a<time;a++);
```

```
        for(b = 0;b<10;b ++ );
        for(c = 0;c<120;c ++ );
    }
    void delay50us(unsigned char time)
    {
        unsigned char a,b;
        for(a = 0;a<time;a ++ );
        for(b = 0;b<6;b ++ );
    }
unsigned char code SOUNDLONG[] = {9,3,12,12,12,24,9,3,12,12,12,24,9,3,12,12,12,12,
12,9,3,12,12,12,24,0,6,6,9,3,6,6,12,6,6,6,6,              //生日快乐 end
6,6,12,6,6,9,3,6,6,9,3,6,3,3,6,3,3,6,6,9,0};              //三轮车 end
unsigned char code SOUNDTONE[] = {212,212,190,212,159,169,212,212,190,212,142,159,
212,212,106,126,159,169,190,119,119,126,159,142,159,    //生日快乐 end
0, 239,239,212,189,159,159,189,159,159,142,126,120,120,159,120,120,142,159,189,
142,159,189,239,212,189,159,142,159,189,212,239,0};     //三轮车 end
```

项目九　按键盘设计与实现

项目目标导读

知识目标

(1)熟悉按键工作原理及硬件结构;

(2)熟练指针、地址概念和使用方法;

(3)掌握C语言编程规范的要领;

(4)掌握函数概念、数组概念及使用方法。

能力目标

(1)能使用指针进行数据传递编程C语言程序;

(2)能使用数组进行数据传递编程C语言程序;

(3)能编程实现键盘功能。

项目背景

键盘,用于操作设备运行的一种指令和数据输入装置。也指经过系统安排操作一台机器或设备的一组功能键(如打字机、电脑键盘)。键盘也是组成键盘乐器的一部分,也可以指使用键盘的乐器,如钢琴、数位钢琴或电子琴等。

通过对按键物理结构分析,了解按键的工作原理,掌握编程实现方法,通过对C语言编程学习,实现按键控制。

任务一　转向灯设计与实现

本任务通过对汽车转向灯闪烁效果分析,了解灯闪烁的工作原理,掌握C语言编程实现方法,利用C语言知识,编程实现转向灯的闪烁及快慢控制。

一、任务要求

通过按键工作原理学习,利用C语言编程实现键盘控制LED灯亮灭及各种效果。用C语言编程实现一个按键控制一个或多个LED灯亮或灭,并在Keil软件中输入、编译及调试,在硬件平台中运行演示(没有条件的学习者可以在protues软件中仿真),实现效果。

假设1号按键控制汽车左转向灯(1号灯)亮灭,2号按键控制汽车右转向灯(2号灯)亮灭。根据汽车转向灯实际效果设计编程,当按下左转向灯按钮时,左转向灯亮,当松开左转向灯按钮时,左转向灯灭;当按下右转向灯按钮时,右转向灯亮,当松开右转向灯按钮时,右转向灯灭,编程实现。

二、具体实现

【例9.1】 按键1控制指示灯1亮灭。

方法一：

```
#include <reg52.h>
sbit KEY1 = P1^0;
sbit LED1 = P3^0;
void main(void)
{
    while(1)
    {
        if(KEY1 = = 0)
        {
            LED1 = 0;
        }
        else
        {
            LED1 = 1;
        }
    }
}
```

方法二：

```
#include <reg52.h>
sbit KEY1 = P1^0;
sbit LED1 = P3^0;
void main(void)
{
    while(1)
    {
      if(KEY1 = = 0)
      {
        LED1 = ~LED1;
      }
    }
}
```

方法三：

```
#include <reg52.h>
sbit KEY1 = P1^0;
sbit LED1 = P3^0;
void main(void)
```

```
{
    while(1)
    {
      LED1 = KEY1;
    }
}
```

三、相关知识—按钮、指针

(一)按钮

按钮，是一种常用的控制电器元件，常用来接通或断开“控制电路”(其中电流很小)，从而达到控制电动机或其他电气设备运行目的的一种开关。按钮分为：常开按钮、常闭按钮、常开常闭按钮、动作点击按钮。

按钮主要用来发布操作命令，接通或开断控制电路，控制机械与电气设备的运行。按钮由按键、动作触头、复位弹簧、按钮盒组成。按钮的工作原理很简单，示意如图 9-1 所示。

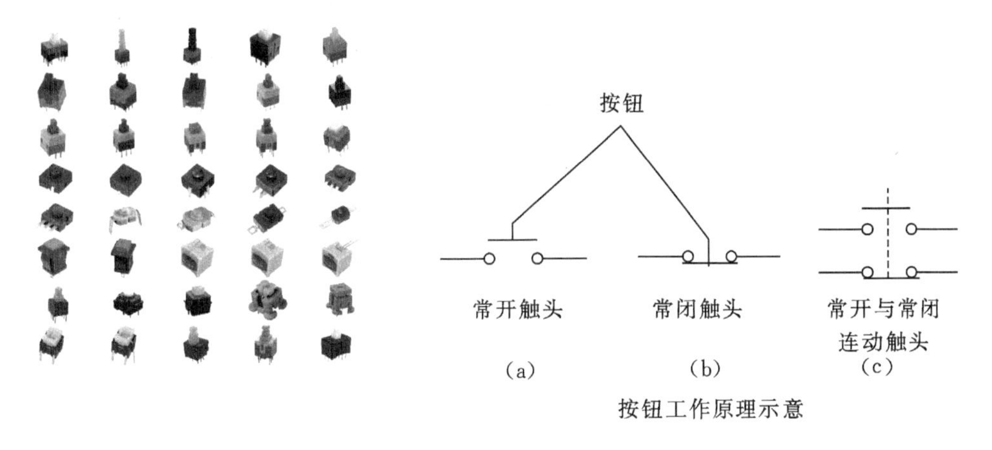

图 9-1　按钮工作原理示意

对于常开触头(a)，在按钮未被按下前，电路是断开的，按下按钮后，常开触头被连通，电路也被接通；对于常闭触头(b)，在按钮未被按下前，触头是闭合的，按下按钮后，触头被断开，电路也被分断。由于控制电路工作的需要，一只按钮还可带有多对同时动作的触头(c)。按钮的用途很广，例如车床的起动与停机、正转与反转等；塔式吊车的起动，停止，上升，下降，前、后、左、右、慢速或快速运行等，都需要按钮控制。

(二)地址和指针的概念

指针是 C 语言中一个重要概念，也是 C 语言的一个重要特色。正确而灵活地运用它，可以有效地表示复杂的数据结构；能动态分配内存；方便地使用字符串；有效而方便地使用数组；在调用函数时能获得 1 个以上的结果；能直接处理内存单元地址等，这对设计系统软件是非常必要的。掌握指针的应用，可以使程序简洁、紧凑、高效。每一个学习和使用 C 语言的人，都应当深入地学习和掌握指针。可以说，不掌握指针就是没有掌握C的精华。指针的概念比较复杂，使用也比较灵活，因此初学时常会出错，务必在学习本章内容时仔细用心，多思考、多比较、多上机，在实践中掌握它。

为了说清楚什么是指针，必须弄清楚数据在内存中是如何存储的，又是如何读取的。如果在程序中定义了一个变量，在对程序进行编译时，系统就会给这个变量分配内存单元。编译系统根据程序中定义的变量类型，分配一定长度的空间。例如，一般为整型变量分配2个字节，对单精度浮点型变量分配4个字节，对字符型变量分配1个字节。内存区的每一个字节有一个编号，这就是“地址”，它相当于旅馆中的房间号。在地址所标识的内存单元中存数据，这相当于旅馆房间中居住的旅客一样。

请务必弄清楚一个内存单元的地址与内容这两个概念的区别，假设程序已定义了3个整型变量i、j、k，编译时系统分配2000和2001两个字节给变量i；2002、2003字节给j；2004、2005给k。在程序中一般是通过变量名来对内存单元进行存取操作的。其实程序经过编译以后已经将变量名转换为变量的地址，对变量值的存取都是通过地址进行的。这种按变量地址存取变量值的方式称为“直接访问”方式。

另一种称之为“间接访问”的方式，将变量i的地址存放在另一个变量中。按C语言的规定，可以在程序中定义整型变量、实型变量、字符变量等，也可以定义这样一种特殊的变量，它是存放地址的。假设我们定义了一个变量i_pointer，用来存放整型变量的地址，它被分配为3010、3011两个字节。可以通过下面语句将i的地址(2000)存放到i_pointer中。

```
i_pointer = &i;
```

这时i_pointer的值就是2000，即变量i所占用单元的起始地址。要存取变量i的值，也可以采用间接方式：先找到存放“i的地址”的变量i_pointer，从中取出i的地址(2000)，然后到2000、2001字节取出i的值(3)，如图9-2所示。

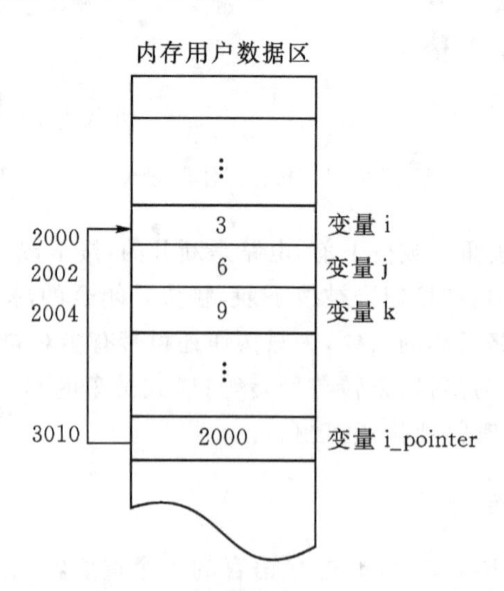

图9-2　内存数据存储结构

打个比方，为了打开一个A抽屉，有两种办法，一种是将A钥匙带在身上，需要时直接找出该钥匙打开抽屉，取出所需的东西。另一种办法是：为安全起见，将该A钥匙放到另一抽屉

B 中锁起来。如果需要打开 A 抽屉，就需要先找出 B 钥匙，打开 B 抽屉，取出 A 钥匙，再打开 A 抽屉，取出 A 抽屉中之物，这就是“间接访问”。

图 9-3(a)表示直接访问，已经知道变量 i 的地址，根据此地址直接对变量 i 的存储单元进行存取访问。图 9-3(b)表示间接访问，先找到存放变量 i 地址的变量 i_pointer，从其中得到变量 i 的地址，然后找到变量 i 的存储单元，对它进行存取访问。

为了表示将数值 3 送到变量中，可以有两种表达方法：

1)将 3 送到变量 i 所标志的单元中，见图 9-3(a)。

2)将 3 送到变量 i_pointer 所指向的单元(即 i 所标志的单元)中，见图 9-3(b)。

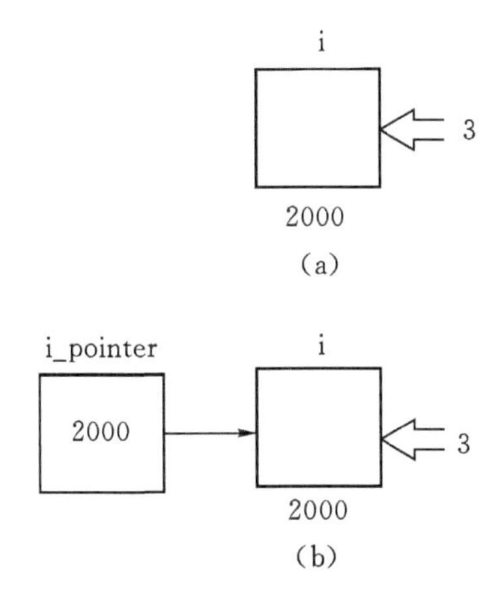

图 9-3　直接访问和间接访问

所谓指向就是通过地址来体现的。假设 i_pointer 中的值为 2000，它是变量 i 的地址，这样就在 i_pointer 和变量 i 之间建立起一种联系，即通过 i_pointer 能知道 i 的地址，从而找到变量 i 的内存单元。图中以箭头表示这种“指向”关系。

由于通过地址能找到所需的变量单元，我们可以说，地址指向该变量单元(如同说，一个房间号“指向”某一房间一样)。因此在 C 语言中，将地址形象地称为“指针”。意思是通过它能找到以它为地址的内存单元(例如根据地址 2000 就能找到变量 i 的存储单元，从而读取其中的值)。

一个变量的地址称为该变量的“指针”。例如，地址 2000 是变量 1 的指针。如果有一个变量专门用来存放另一变量的地址(即指针)，则它称为“指针变量”。上述的 i_poinier 就是一个指针变量。指针变量的值(即指针变量中存放的值)是地址(即指针)。请区分“指针”和“指针变量”这两个概念。例如，可以说变量 t 的指针是 2000，而不能说 i 的指针变量是 2000。指针是一个地址，而指针变量是存放地址的变量。

(三)变量的指针和指向变量的指针变量

如前所述，变量的指针就是变量的地址。存放变量地址的变量是指针变量，它用来指向另一个变量。为了表示指针变量和它所指向的变量之间的联系，在程序中用“*”符号表示“指向”，如果已定义 i_pointer 指针变量，则(*i_pointer)是 i_pointer 所指向的变量，如图 9-4 所示。

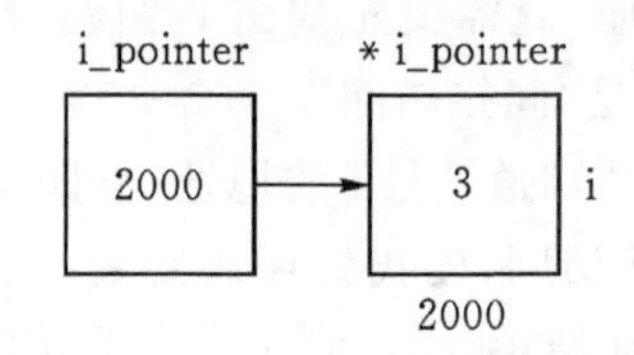

图9-4　变量的指针示意图

可以看到，* i_pointer 也代表一个变量，它和变量 i 是同一回事。下面两个语句作用相同：

1)i=3；

2) * i_pointer=3；

第 2)个语句的含义是将 3 赋给指针变量 i_pointer 所指向的变量。

1. 定义一个指针变量

C 语言规定所有变量在使用前必须定义，指定其类型，并按此分配内存单元。指针变量不同于整型变量和其他类型的变量，它是用来专门存放地址的，必须将它定义为“指针类型”。先看一个具体例子：

```
int i,j ;
int * pointer_1, * pointer_2
```

第 1 行定义了两个整型变量 i 和 j，第 2 行定义了两个指针变量：pointer_1 和 pointer_2，它们是指向整型变量的指针变量。左端的 int 是在定义指针变量时必须指定的“基类型”。指针变量的基类型用来指定该指针变量可以指向的变量的类型。例如，上面定义的基类型为 int 的指针变量 pointer_1 和 pointer_2，可以用来指向整型的变量 I 和 J，但不能指向浮点型变量 a 和 b。

定义指针变量的一般形式为

```
基类型 * 指针变量名；
```

下面都是合法的定义：

```
float *pointer_3.       (pointer_3 是指向 float 型变量的指针变量)
char * pointer_4;       (pointer_4 是指向字符型变量的指针变量)
```

那么，怎样使一个指针变量指向另一个变量呢？可以用赋值语句使一个指针变量得到另一个变量的地址，从而使它指向一个该变量。例如：

```
pointer_1 = &i;
pointer_2 = &j;
```

将变量 i 的地址存放到指针变量 pointer_1 中，因此 pointer_1 就“指向”了变量 i。同样，将变量 j 的地址存放到指针变量 pointer_2 中，因此 pointer_2 就“指向”了变量 j，如图 9-5 所示。

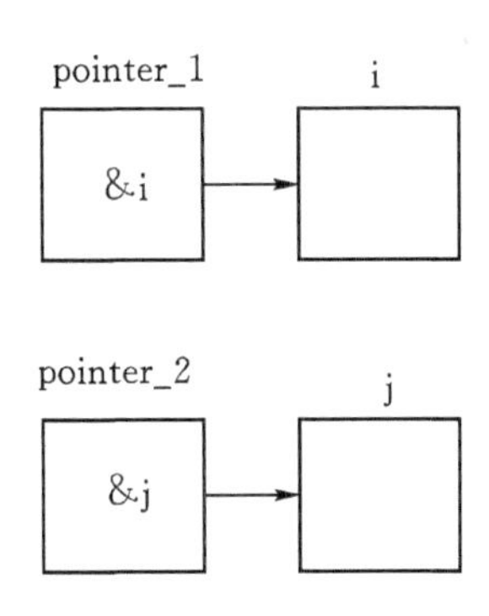

图 9-5 指针变量结构

在定义指针变量时要注意两点：

1)指针变量前面的“*”表示该变量的类型为指针型变量。指针变量名是 pointer_1、pointer_2，而不是 * pointer_1、* pointer_2。这是与定义整型或浮点型变量的形式不同的。

2)在定义指针变量时必须指定基类型。有的读者认为既然指针变量是存放地址的，那么只需要指定其为“指针型变量”即可，为什么还要指定基类型呢？要知道不同类型的数据在内存中所占的字节数是不相同的(例如整型数据占 2 字节，字符型数据占 1 字节)，在本章还将要介绍指针的移动和指针的运算(加、减)，例如“使指针移动 1 个位置”或“使指针值加 1”，这个 1 代表什么呢？如果指针是指向一个整型变量的，那么“使指针移动 1 个位置”意味着移动 2 个字节，“使指针加 1”意味着使地址值如 2 个字节。如果指针是指向一个浮点型变量的，则增加的不是 2 而是 4。因此必须指定指针变量所指向的变量的类型，即基类型。一个指针变量只能指向同一个类型的变量，不能忽而指向一个整型变量，忽而指向一个实型变量。在前面定义的 pointer_1 和 pointer_2 只能指向整型数据。

对上述指针变量的定义也可以这样理解：“int * pointer_1，* pointer_2;”定义了 * pointer_1 和，* pointer_2 是整型变量，如同：“int a,b;”定义了 a 和 b 是整型变量一样。

而 * pointer_1 和 * pointer_2 是 pointer_1 和 pointer_2 所指向的变量，pointe_1 和 pointer_2 是指针变量。

需要特别注意的是，只有整型变量的地址才能放到指向整型变量的指针变量中。下面的赋值是错误的：

```
float a;              /* 定义 a 为 float 型变量 */
int *pointer_1;       /* 定义 pointer_1 为基类型的 int 的指针变量 */
pointer_1 = &a;       /* 将 float 型变量的地址放到指向整型变量的指针变量中，错误 */
```

2. 指针变量的引用

请牢记，指针变量中只能存放地址(指针)，不要将一个整数(或任何其他非地址类型的数据)赋给一个指针变量。如，下面的赋值是不合法的：

```
*pointer_1 = 100; /* pointer_1 为指针变量,100 为整数 */
```

有两个有关的运算符：

1)&:取地址运算符。

2)*:指针运算符(或称"间接访问"运算符),取其指向的内容。

例如,&a为变量a的地址,*p为指针变量p所指向的存储单元的内容(即p所指向的变量的值)。

【例9.2】 通过指针变量访问整型变量。

```
# include <stdio. h>
void main()
{
    int a,b;
    int* pointer_1, *pointer_2;
    a=100; b=lo;
    pointer_1—&a;    /*把变量a的地址赋给pointer_1*/
    pointer_2—&b;    /*把变量b的地址赋给pointer_2*/
}
```

对程序的说明:

1)在开头处虽然定义了两个指针变量pointer_1和pointer_2,但它们并未指向任何一个整型变量,只是提供两个指针变量,规定它们可以指向整型变量,至于指向哪一个整型变量,要在程序语句中指定。程序第6、7行的作用就是使pointer_1指向a,pointer_2指向b。此时pointer_1的值为&a(即a的地址),pointer_2的值为&b。

2)最后一行的*pointer_1和*pointer_2就是变量a和b。最后两个printf函数作用是相同的。

3)程序中有两处出现*pointer_1和*pointer_2,请区分它们的不同含义。程序第4行的* pointer_1和*pointer_2表示定义两个指针变量pointer_1、pointer_2。它们前面的"*"只是表示该变量是指针变量。程序最后一行printf函数中的*pointer_1和* pointer_2则代表pointer_1和pointer_2所指向的变量。

4)第6、7行"pointer_1=8a;"和"pointer_2=8b;"是将a和b的地址分别赋给pointer_1和pointer_2。注意不应写成:"*pointer_1=8a;"和"*pointer_2=8b;"。因为a的地址是赋给指针变量pointer_1,而不是赋给*pointer_1(即变量a)。

下面对"&"和"*"运算符再作些说明:

如果已执行了语句

pointer_1=&a;

1)&*pointer_1的含义是什么?"&"和"*"两个运算符的优先级别相同,但按自右而左方向结合,因此先进行* pomter_1的运算,它就是变量a.再执行&运算。因此&* pointer_1与&a相同,即变量a的地址。

如果有pointer_2=&*pointer_1,它的作用是将&a(a的地址)赋给pointer_2,如果pointer_2原来指向b,经过重新赋值后它已不再指向b了,而指向了a,见图9-6。(a)是原来的情况,(b)执行上述赋值语句后的情况。

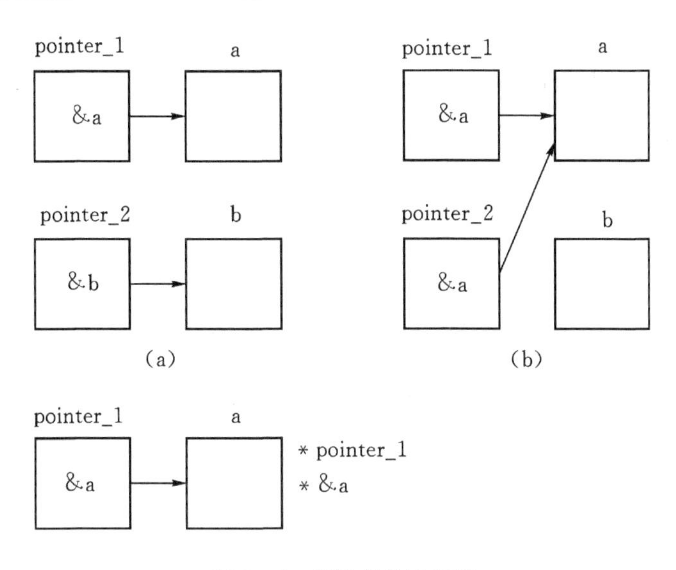

图 9-6　指针变量示意图

(2) * &a 的含义是什么？先进行 &a 运算，得到 a 的地址，再进行 * 运算，即 &a 所指向的变量，也就是变量 a。 * &a 和 * pointer_1 的作用是一样的，它们都等价于变量 a，即 * &a 与 a 等价，见图 9-7。

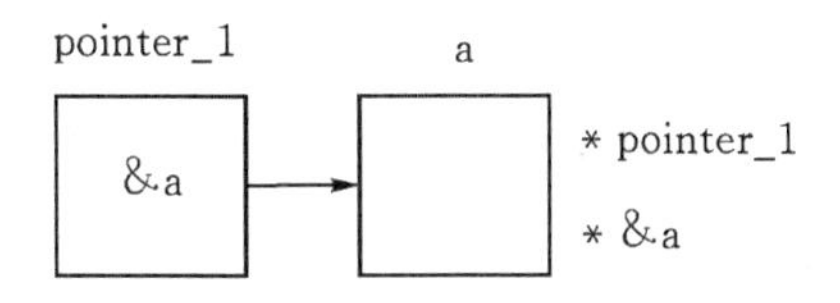

图 9-7　指针变量示意图

(3)(* pointer_1) ++ 相当于 a++。注意括号是必要的，如果没有括号，就成为了 * pointer_1++，从附录可知：++和 * 为同一优先级别，而结合方向为自右而左，因此它相当于 * (pointer_1++)。由于++在 pointer_1 的右侧，是“后加”，因此先对 pointer_1 的原值进行 * 运算，得到 a 的值，然后使 pointer_1 的值改变，这样 pointer_1 不再指向 a 了。

3. 指针变量作为函数参数

函数的参数不仅可以是整型、浮点型、字符型等数据，还可以是指针类型。它的作用是将一个变量的地址传送到另一个函数中。

为了使在函数中改变了的变量值能被 main 函数所用，不能采取上述把要改变值的变量作为参数的办法，而应该用指针变量作为函数参数，在函数执行过程中使指针变量所指向的变量值发生变化，函数调用结束后，这些变量值的变化依然保留下来，这样就实现了“通过调用函数使变量的值发生变化，在主调函数(如 main 函数)中可以使用这些改变了的值”的目的。

如果想通过函数调用得到 n 个要改变的值，可以：

1)在主调函数中设 n 个变量，用 n 个指针变量指向它们；

2)然后将指针变量作实参，将这 n 个变量的地址传给所调用的函数的形参；

3)通过形参指针变量,改变该n个变量的值;

4)主调函数中就可以使用这些改变了值的变量。

(四)数组与指针

一个变量有地址,一个数组包含若干元素,每个数组元素都在内存中占用存储单元,它们都有相应的地址。指针变量既然可以指向变量,当然也可以指向数组元素(把某一元素的地址放到一个指针变量中)。所谓数组元素的指针就是数组元素的地址。

引用数组元素可以用下标法(如 a[3]),也可以用指针法,即通过指问数组元素的指针找到所需的元素。使用指针法能使目标程序质量高(占内存少,运行速度快)。

1. 指向数组元素的指针

定义一个指向数组元素的指针变量的方法,与以前介绍的指向变量的指针变量相同。例如:

```
int a[10];        (定义 a 为包含 10 个整型数据的数组)
int * p;          (定义 p 为指向整型变量的指针变量)
```

应当注意,如果数组为 int 型,则指针变量的基类型也应为 int 型。下面是对该指针变量赋值:

```
P = &a[0];
```

把 a[0]元素的地址赋给指 p。也就是使 p 指向 a 数组的第 0 号元素。

C 语言规定数组名(不包括形参数组名,形参数组并不占据实际的内存单元)代表数组中首元素(即序号为 0 的元素)的地址。因此,下面两个语句等价:

```
P = &a[0];
P = a;
```

注意数组名 a 不代表整个数组,上述"p=a;"的作用是"把 a 数组的首元素的地址赋给指针变量 p",而不是"把数组 a 各元素的值赋给 p"。

在定义指针变量时可以对它赋予初值

```
int  *  P = &a[0];
```

它等效于下面两行

```
int * p:
P = &a[0];         /* 注意,不是 * P = &a[0], */
```

当然定义时也可以写成

```
int  * p = a
```

它的作用是将 a 数组首元素(即 a[0])的地址赋给指针变量 p(而不是赋给 * p)

2. 通过指针引用数组元素

假设 p 已定义为一个指向整型数据的指针变量，并已给它赋了一个整型数组元素的地址，使它指向某一个数组元素。如果有以下赋值语句：

```
*p=1;
```

表示将 1 赋给 p 当前所指向的数组元素。

按 C 语言的规定：如果指针变量 p 已指向数组中的一个元素，则 p+1 指向同一数组中的下一个元素，而不是将 p 的值(地址)简单地加 1。例如，数组元素是 float 型，每个元素占 4 个字节，则 p+1 意味着使 p 的值(是地址)加 4 个字节，以使它指向下一元素。p+1 所代表的地址实际上是 p+1×d，d 是一个数组元素所占的字节数。

如果 p 的初值为 &a[0]，则：

1)p+i 和 a+i 就是 a[i]的地址，或者说，它们指向 a 数组的第 i 个元素，见图。这里需要特别注意的是 a 代表数组首元素的地址，a+i 也是地址，它的计算方法同 p+i，即它的实际地址为 a+i×d。例如，p+9 和 a+9 的值是 &a[9]，它指向 a[9]，如图 9-8 所示。

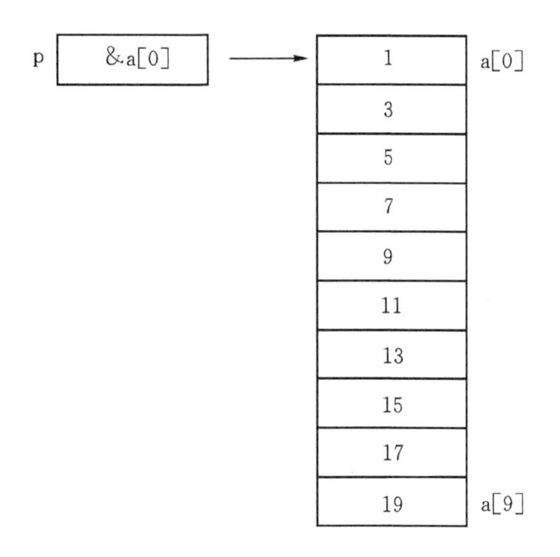

图 9-8　指针引用数组元素

2)*(p+i)或*(a+i)是 p+i 或 a+i 所指向的数组元素，即 a[i]。例如，*(p+5)或*(a+5)就是 a[5]。即*(p+5)、*(a+5)、a[5]三者等价，如图 9-9 所示。实际上，在编译时，对数组元素 a[i]就是按*(a+i)处理的，即按数组首元素的地址加上相对位移量得到要找的元素的地址，然后找出该单元中的内容。若数组 a 的首元素的地址为 1000，设数组为 float 型，则 a[3]的地址是这样计算的：1000+3×4−1012，然后从 1012 地址所指向的 float 型单元取出元素的值，即 a[3]的值。可以看出，[]实际上是变址运算符，即将 a[i]按 a+i 计算地址，然后找出此地址单元中的值。

3)指向数组的指针变量也可以带下标，如 p[i]与*(p+i)等价。

根据以上叙述，引用一个数组元素，可以用：

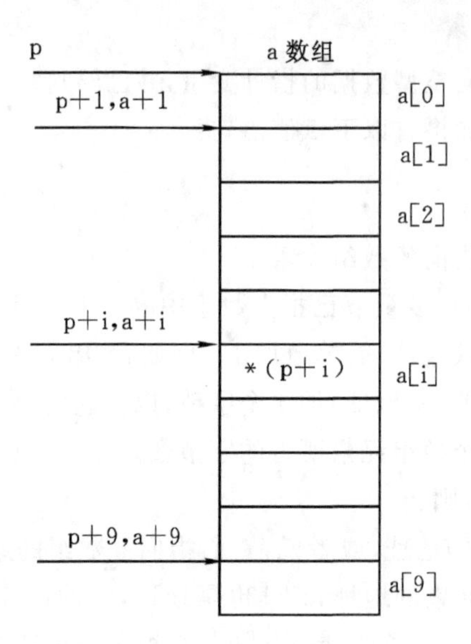

图9-9　流程图

①下标法，如a[i]形式；

②指针法，如*(a+i)或*(p+i)。其中a是数组名，p是指向数组元素的指针变量，其初值p=a。

3. 用数组名作函数参数

前面介绍过可以用数组名作函数的参数。例如：

```
void main()                           void f(int arr[ ],int n)
{                                     {
    void f(int arr[],int n);              ⋮
    int array[10], I                      ⋮
    ⋮
                                      }
    f(array,10);
    ⋮
}
```

array为实参数组名，arr为形参数组名。前面讲过当用数组名作参数时，如果形参数组中各元素的值发生变化，实参数组元素的值随之变化。这个原因在学习指针以后就容易理解了。

先看数组元素作实参时的情况。如果已定义一个函数，其原型为

```
void swap(int x,int y);
```

假设函数的作用是将两个形参(x,y)的值交换，则有以下的函数调用：

```
swap(a[1],a[2]);
```

用数组元素 a[1]、a[2]作实参的情况与用变量作实参时一样，是“值传递”方式，将 a[1]和 a[2]的值单向传递给 x 和 y。当 x 和 y 的值改变时 a[1]和 a[2]的值并不改变。

再看用数组名作函数参数的情况。前已介绍，实参数组名代表该数组首元素的地址，而形参是用来接收从实参传递过来的数组首元素地址的。因此，形参应该是一个指针变量(只有指针变量才能存放地址)。实际上，C 编译都是将形参数组名作为指针变量来处理的。例如，上面给出的函数 f 的形参是写成数组形式的：

```
f(int arr[],int n)
```

但在编译时是将 arr 按指针变量处理的，相当于将函数 f 的首部写成：

```
f(int * arr,int n)
```

以上两种写法是等价的。在该函数被调用时，系统会建立一个指针变量 arr，用来存放从主调函数传递过来的实参数组首元素的地址。

四、能力拓展

任务：按键 1 控制指示灯 1 亮灭。当按键 1 按下时，指示灯 1 灭；当按键 1 松开时，指示灯 1 亮。编程实现效果。

任务：按键 1 控制指示灯 1 亮灭。当按键 1 按下时，指示灯 1 亮；当按键 1 松开时，指示灯 1 灭。编程实现效果。

任务：四个按键分别控制 4 个指示灯，按键 1 实现 1 号指示灯亮(按键按住亮，按键松开灭)，按键 2 实现 2 号指示灯亮(按键按住亮，按键松开灭)，按键 3 实现 3 号指示灯亮(按键按一下亮，按键再按一下灭)，按键 4 实现 4 号指示灯亮(按键按一下亮，按键再按一下灭)，编程实现。

【例 9.3】 四个键盘控制不同灯效果。

```
#include <reg52.h>
#define uchar unsigned char
#define uint unsigned int
sbit LED1 = P3^0;
sbit LED2 = P3^1;
sbit LED3 = P3^2;
sbit LED4 = P3^3;
sbit KEY1 = P1^0;
sbit KEY2 = P1^1;
sbit KEY3 = P1^2;
sbit KEY4 = P1^3;
void delayMS(uint x)
{
    uchar t;
    while(x--)
```

```
    {
        for(t = 120;t>0;t -- );
    }
}
void main(void)
{
    while(1)
    {
        LED1 = KEY1;
        LED2 = KEY2;
        if(KEY3 = = 0)
        {
            LED3 = (~LED3);
        }
        if(KEY4 = = 0)
        {
            LED4 = (~LED4);
        }
        delayMS(100);
    }
}
```

任务：四个按键分别控制16个指示灯，按键1实现1个指示灯右移点亮，按键2实现1个指示灯左移点亮，按键3实现1个指示灯右移点亮，按键4实现1个指示灯左移点亮，编程实现。

【例9.4】 四个键盘控制灯移位程序。

```
#include <reg52.h>
#include "string.h"          //字符数组的函数定义的头文件
#define uchar unsigned char
#define uint unsigned int
#define KEY_ALL P1
#define LED_LEFT P3
#define LED_RIGHT_ P2
void DelayMS(uint x)
{
    uchar i;
    while(x --)
    {
      for(i = 0;i<120;i ++ );
```

```
    }
}
void Move_LED(void)
{
    if((KEY_ALL & 0x01) = = 0)LED_LEFT = _cror_(LED_LEFT,1);
    else if((KEY_ALL & 0x02) = = 0)LED_LEFT = _crol_(LED_LEFT,1);
    else if((KEY_ALL & 0x04) = = 0)LED_RIGHT = _cror_(LED_RIGHT,1);
    else if((KEY_ALL & 0x08) = = 0)LED_RIGHT = _crol_(LED_RIGHT,1);
}
void main(void)
{
    uchar Recent_Key = 0xff;
    LED_LEFT = 0xfe;
    KEY_ALL = 0xff;
    LED_RIGHT = 0xfe;
    while(1)
    {
      if(Recent_Key ! = KEY_ALL)
      {
        Recent_Key = KEY_ALL;
        Move_LED();
        DelayMS(100);
      }
    }
}
```

【作业】修改原程序，再增加 2 个键盘功能。

【例 9.5】　四个键盘控制 16 个指示灯。

```
#include <reg52.h>
#include "intrins.h"
#define uchar unsigned char
#define uint unsigned int
#define KEY_ALL P1
#define LED_LEFT P3
#define LED_RIGHT P2
void DelayMS(uint x)
{
    uchar t;
    while(x --)
```

```
        {
          for(t = 0;t<120;t -- );
        }
    }
    void key_pro(void)
    {
        if(LED_RIGHT = = 0x00)
        {
          LED_RIGHT = 0xff;
        }
        else
        {
          LED_RIGHT <<= 1;
        }
        DelayMS(200);
    }
    void main(void)
    {
        uchar k,t,Key_State;
        LED_RIGHT = 0xff;
        KEY_ALL = 0xff;
        while(1)
        {
          t = KEY_ALL;
          if(t! =0xff)
          {
            DelayMS(10);
            while(t = = KEY_ALL);
            Key_State = (~t);
            k = 0;
            while(Key_State ! = 0)
            {
              k++;
              Key_State >>= 1;
            }
            switch(k)
            {
              case 1: key_pro();break;
              case 2: LED_RIGHT = 0xf0;break;
```

```
            case 3: LED_RIGHT = 0x0f;break;
            case 4: LED_RIGHT = 0xff;break;
            default:break;
         }
      }
   }
}
```

【例 9.6】 8 个键盘 8 个功能子函数。

```
#include <reg52.h>
#define KEY_ALL P1
void delayms(unsigned int x)                    //1ms 定时
{
    unsigned char i;
    while(x--)
    {
        for(i=250;i>0;i--);
    }
}
unsigned char keyboard(void)
{
    unsigned char num_key;                      //按键号
        unsigned char temp,temp1;               //用于读取 P0 线上按键值
    num_key=0xff;
        temp=KEY_ALL;                           //读取 P0 线数据
        if(temp! =0xff)                         //低电平判断
        {
        delayms(4);
            temp1=KEY_ALL;                      //读取 P0 线数据
        if(temp==temp1)                         //低电平判断
            {
            do
            {
                temp1=KEY_ALL;
            }
            while(temp1! =0xff);
                switch(temp)
            {
                case 0xfe: num_key=0x00;break;          //KEY1(P1.0) 按下
```

```
                    case 0xfd: num_key = 0x01;break;    //KEY2(P1.1) 按下
                    case 0xfb: num_key = 0x02;break;    //KEY3(P1.2) 按下
                    case 0xf7: num_key = 0x03;break;    //KEY4(P1.3) 按下
                case 0xef: num_key = 0x04;break;        //KEY1(P1.4) 按下
                    case 0xdf: num_key = 0x05;break;    //KEY2(P1.5) 按下
                    case 0xbf: num_key = 0x06;break;    //KEY3(P1.6) 按下
                    case 0x7f: num_key = 0x07;break;    //KEY4(P1.7) 按下
                default:num_key = 0xff;break;
            }
            }
    }
    return(num_key);
}
void main(void)
{
    unsigned char num_value;
    while(1)
    {
        num_value = keyboard();
        switch(num_value)
        {
            case 0x00:LED_ALL = 0x00;break;
            case 0x01:LED_ALL = 0x55;break;
            case 0x02:break;
            case 0x03:break;
            case 0x04:break;
            case 0x05:break;
            case 0x06:break;
            case 0x07:break;
            deflaut:break;
        }
    }
}
```

根据汽车转向灯实际效果：当按下左转向灯按钮时，左转向灯一直闪烁，当松开左转向灯按钮时，左转向灯熄灭；当按下右转向灯按钮时，右转向灯一直闪烁，当松开右转向灯按钮时，右转向灯熄灭，画流程图并编程实现。

【例 9.7】 按键程序框架结构。

```
#include<reg52.h>
#define KEY_ALL P1
#define SMG_ALL P0
unsigned char code SMG_SZ[10] = {0x3f,0x06,0x5b,0x4f,0x66,0x6d,0x7d,0x07,0x7f,
0x6f};
//unsigned char SMG_temp = 0x00;
unsigned char ADD_temp = 0x00;

void delayms(unsigned char x)//1ms 定时
{
    unsigned char i;
    while(x--)
    {
        for(i = 250;i>0;i--);
    }
}




void paly(void)
{
    unsigned int k;
    while(1)
    {

    }
}


void key1(void)
{
    if(ADD_temp> = 9)
    {
        ADD_temp = 0;
    }
    else
    {
```

```
        ADD_temp++;
    }
    SMG_ALL = SMG_SZ[ADD_temp];
}

void key2(void)
{
    if(ADD_temp == 0)
    {
        ADD_temp = 9;
    }
    else
    {
        ADD_temp--;
    }
    SMG_ALL = SMG_SZ[ADD_temp];
}
void key3(void)
{


}
void key4(void)
{


}




void key5(void)
{





}
void key6(void)
{


}
```

```
void key7(void)
{

}

void key8(void)
{
    play();
}

void key_pandun(void)
{
    unsigned char temp_key,temp_key_end;
    temp_key = KEY_ALL;
    if(temp_key! = 0xff)
    {
        delayms(5);
        temp_key = KEY_ALL;
        if(temp_key! = 0xff)
        {
            temp_key_end = temp_key;
            do
            {
                temp_key = KEY_ALL;
            }
            while(temp_key! = 0xff);
            switch(temp_key_end)
            {
                case 0x7f:key1();break;
                case 0xbf:key2();break;
                case 0xdf:key3();break;
                case 0xef:key4();break;
                case 0xf7:key5();break;
                case 0xfb:key6();break;
                case 0xfd:key7();break;
                case 0xfe:key8();break;
```

```
                    default:break;
                }
            }
        }
}

void main()
{
    while(1)
    {
        key_pandun();
    }

}
```

【例 9.8】 汽车转向灯设计。

```
#include <reg52.h>            //系统文件。头文件,包含多个用户可用的函数
Sbit LED1 = P3^0;
Sbit LED2 = P3^1;
void delayms(unsigned char x)
{
    unsigned char i;
    while(x --)
    {
      for(i = 250;i>0;i -- );
    }
}
void main(void)               //函数名称
{                             //函数体范围,开始
    while(1)
    {
      if(KEY1!  = 1)          //如果按键按下
      {
        LED1 = 0;             //灯取反
        delayms(200);
        LED1 = 1;             //灯取反
        delayms(200);
      }
      if(KEY2!  = 1)          //如果按键按下
```

```
        {
          LED2 = 0;             //灯取反
          delayms(200);
          LED2 = 1;             //灯取反
          delayms(200);
        }
      }
}
```

思考：①键盘一直按着为什么灯一直会亮灭？②如何解决该问题？

再次增加功能：根据汽车转向灯实际效果：当按下左转向灯按钮时，左转向灯一直闪烁，当松开左转向灯按钮时，左转向灯熄灭；当按下右转向灯按钮时，右转向灯一直闪烁，当松开右转向灯按钮时，右转向灯熄灭；按下紧急按钮时，左右转向灯同时闪烁，当松开紧急按钮时，左右转向灯熄灭，画流程图并编程实现(if 语句实现)。

【任务】switch 语句编程实现，根据汽车转向灯实际效果设计编程，当按下左转向灯按钮时，左转向灯亮，当松开左转向灯按钮时，左转向灯灭；当按下右转向灯按钮时，右转向灯亮，当松开右转向灯按钮时，右转向灯灭。假设：左转向灯用 LED1 代替，右转向灯用 LED2 代替。

【例 9.9】 汽车转向灯程序。

```
#include <reg52.h>                    //系统文件。头文件，包含多个用户可用的函数
Sbit LED1 = P3^0;
Sbit LED2 = P3^1;
Sbit KEY1 = P1^0;
Sbit KEY2 = P1^1;
void main(void)                       //主函数
{                                     //函数体开始
    while(1)
    {
      switch(KEY1)                    //如果按键按下
      {                               //switch 函数体开始
        case 0:LED1 = 0;break;        //左灯灭【位运算符】
        case 1:LED1 = 1;break;        //左灯亮
        default:break;
      }
      switch(KEY2)                    //如果按键按下
      {                               //switch 函数体开始
        case 0:LED2 = 0;break;        //左灯灭【位运算符】
        case 1:LED2 = 1;break;        //左灯亮
        default:break;
      }
```

```
    }
}
```

【任务】switch 语句编程实现，根据汽车转向灯实际效果：当按下左转向灯按钮时，左转向灯一直闪烁，当松开左转向灯按钮时，左转向灯熄灭；当按下右转向灯按钮时，右转向灯一直闪烁，当松开右转向灯按钮时，右转向灯熄灭，画流程图并编程实现。

【例 9.10】 汽车转向灯程序设计。

```
#include <reg52.h>                    //系统文件。头文件，包含多个用户可用的函数
Sbit LED1 = P3^0;
Sbit LED2 = P3^1;
Sbit KEY1 = P1^0;
Sbit KEY2 = P1^1;
void delayms(unsigned char x)
{
    unsigned char i;
    while(x --)
    {
      for(i = 250;i>0;i -- );
    }
}
void main(void)                       //主函数
{                                     //函数体开始
    while()
    {
      switch(KEY1)                    //如果按键按下
      {                               //switch 函数体开始
        case 0:{ LED1 = 0;delayms(200); LED1 = 1;delayms(200);};break;
        case 1:{ LED1 = 1};break;     //左灯亮
        default:break;
      }
      switch(KEY2)                    //如果按键按下
      {                               //switch 函数体开始
        case 0:{ LED2 = 0;delayms(200); LED2 = 1;delayms(200);};break;
        case 1:{ LED2 = 1};break;     //左灯亮
        default:break;
      }
    }
}
```

方法二：

```
#include <reg52.h>                                      //系统头文件
#define LED LEFFT P3
#define LED RIGHT P2
Sbit KEY1 = P1^0;
Sbit KEY2 = P1^1;
void main()                                             //主函数
{                                                       //函数体开始
    while()
    {
      switch(KEY1)                                      //如果按键按下
      {                                                 //switch 函数体开始
        case 0:LED_LEFT = (LED_LEFT|0xff);break;        //左灯灭【位运算符】
        case 1:LED_LEFT = (LED_LEFT&0x00);break;        //左灯亮
        default:LED_LEFT = 0xff;LED_RIGHT = 0xff;break; //左右灯灭
      }                                                 //switch 函数体结束
      switch(KEY2)                                      //如果按键按下
      {                                                 //switch 函数体开始
        case 0:LED_RIGHT = 0xff;break;                  //右灯灭
        case 1:LED_RIGHT = 0x00;break;                  //左灯亮
        default:LED_LEFT = 0xff;LED_RIGHT = 0xff;break; //左右灯灭
      }                                                 //switch 函数体结束
    }
}                                                       //main 函数体结束
```

程序说明：

switch(KEY1==0)："KEY1==0"表示 KEY1 值是否与 0 相等？如果相等则为真(1)，如果不相等则为假(0)。

case 0:LED_LEFT=(LED_LEFT|0xff);break:当 KEY1==0(==为关系运算符，表示 KEY1 变量值与 0 相等吗？如果相等则结果为 1，如果不相等则结果为 0)的值等于 0 时，则执行"LED_LEFT=(LED_LEFT|0xff)"语句。

LED_LEFT=(LED_LEFT|0xff)赋值语句，表示 LED_LEFT 变量值与 0xff 相或，结果保存到 LED_LEFT 变量中。";"为多条指令语句的分隔符。

break:为跳出本函数体意思。在本程序中，break 为跳出 case 判断语句体。

default:LED_LEFT=0xff;LED_RIGHT=0xff;break:default 为 switch 选择结构指令的一部分，表示缺省状态下执行该内容。在本程序中，当没有与 case 的条件相符时，则执行 default 后面语句(LED_LEFT=0xff;LED_RIGHT=0xff;break)，LED_LEFT=0xff;LED_RIGHT=0xff:两句赋值语句，表示 LED_LEFT 变量值等于 0xff，LED_RIGHT 值等于 0xff；break 语句表示跳出 switch 语句体。";"为多条指令语句的分隔符。

【任务】根据汽车转向灯实际效果：当按下左转向灯按钮时，左转向灯一直闪烁，当松开左转向灯按钮时，左转向灯熄灭；当按下右转向灯按钮时，右转向灯一直闪烁，当松开右转向灯按钮时，右转向灯熄灭，画流程图并编程实现。

【例 9.11】 汽车转向灯程序(switch 语句)。

```
#include <reg52.h>          //系统文件。头文件，包含多个用户可用的函数
#include "intrins.h"        //系统文件。头文件，包含多个用户可用的函数
#define LED_LEFFT P3
#define LED_RIGHT P2
Sbit KEY1 = P1^0;
Sbit KEY2 = P1^1;
void delayms(unsigned char x)
{
    unsigned char i;
    while(x --)
    {
      for(i = 250;i>0;i -- );
    }
}
void main(void)                 //函数名称
{                               //函数体范围，开始
    while(1)
    {
      switch(KEY1 = = 0)      //如果按键按下
      {
        case 0:LED_LEFT = 0xff;break;
        case 1:{LED_LEFT = 0x00;delayms(200);LED_LEFT = 0xff;delayms(200);};
               break;default:break;
      }
      switch(KEY2!  = 1)      //如果按键按下
      {
        case 0:LED_RIGHT = 0xff;break;
        case 1:{LED_RIGHT = 0x00;delayms(200);LED_RIGHT = 0xff;delayms(200);};
               break;
        default;
      }
    }
}                               //main 函数体结束
```

程序说明：

switch(KEY1==0):KEY1==0 为关系运算表达式，KEY1 变量值与 0 相等吗？

case 0:break:当“KEY1==0”值为 0 时，执行 case 0 条件的语句(break)。

【作业】再次增加功能：根据汽车转向灯实际效果：当按下左转向灯按钮时，左转向灯一直闪烁，当松开左转向灯按钮时，左转向灯熄灭；当按下右转向灯按钮时，右转向灯一直闪烁，当松开右转向灯按钮时，右转向灯熄灭；按下紧急按钮时，左右转向灯同时闪烁，当松开紧急按钮时，左右转向灯熄灭，画流程图并编程实现。

【例 9.12】 8 个按键控制 8 个指示灯亮。

```
#include <reg52.h>                                    //系统头文件
#define KEY_ALL P1
sbit LED1 = P3^0;
sbit LED2 = P3^1;
sbit LED3 = P3^2;
sbit LED4 = P3^3;
sbit LED5 = P3^4;
sbit LED6 = P3^5;
sbit LED7 = P3^6;
sbit LED8 = P3^7;
void main(void)                                       //主函数
{                                                     //主函数体开始
    switch(KEY_ALL)                                   //【选择结构 switch 语句】
    {
        case 0:break;
        case 1: LED1 = 0;break;
        case 2: LED2 = 0;break;
        case 3: LED3 = 0;break;
        case 4: LED4 = 0;break;
        case 5: LED5 = 0;break;
        case 6: LED6 = 0;break;
        case 7: LED7 = 0;break;
        case 8: LED8 = 0;break;
        default:break;
    }
}
```

【作业】8 个指示灯亮灭实现(switch 语句)

任务：读懂案例程序，并解释每句指令的含义。

【例 9.13】 设计四个按键，显示不同内容。

```
#include<reg52.h>                                //51 系列单片机定义的头文件
#include"intrins.h"
#define KEY_ALL P1
#define LED_LEFT P3
```

```
#define LED_RIGHT P2
sbit KEY1 = P1^0;
sbit KEY2 = P1^1;
sbit KEY3 = P1^2;
void delayms(unsigned char x)
{
    unsigned char i;
    while(x--)
    {
        for(i = 250;i>0;i--);
    }
}
void main(void)
{
    KEY_ALL = 0xff;
    while(1)
    {
        if(KEY1 = = 0) LED_LEFT = 0x00;
        if(KEY2 = = 0) LED_RIGHT = 0x00;
        if(KEY3 = = 0)
        {
            LED_LEFT = 0x00;
            LED_RIGHT = 0x00;
        }
        delayms(200);
        LED_RIGHT = 0xff;
        LED_LEFT = 0xff;
        delayms(200);
    }
}
```

【作业】案例程序中左转向灯共8盏，右转向灯共8盏，现修改程序，当左转向灯和右转向灯各只有1盏时，要求编程实现汽车转向灯的效果。

【例9.14】 汽车转向灯设计。

```
#include <reg52.h>
#define KEY_ALL P1
#define LED_LEFT P3
#define LED_RIGHT P2
sbit KEY1 = P1^0;
```

```
sbit KEY2 = P1^1;
sbit KEY3 = P1^2;
void delayms(unsigned char x)
{
    unsigned char i;
    while(x--)
    {
        for(i = 250;i>0;i--);
    }
}
void main(void)
{
    while(1)
    {
        if(KEY1 = = 0)                          //如果按键按下
        {
            LED_LEFT^ = 0xff;                   //【位运算】
            delayms(200);
        }
        else
        {
            LED_LEFT = 0xff;
        }
        if(KEY2 = = 0)                          //如果按键按下
        {
            LED_RIGHT^ = 0xff;                  //【位运算】
            delayms(200);
        }
        else
        {
            LED_RIGHT = 0xff;
        }
        if(KEY3 = = 0)                          //如果按键按下
        {
            delayms(200);
            LED_RIGHT = 0x00;
            LED_LEFT = 0x00;
            delayms(200);
        }
```

```
    }
}
```

程序说明：

LED_LEFT^=0xff：等价于“LED_LEFT= LED_LEFT^0xff”，表示变量 LED_LEFT 与 0xff 异或，结果保存到 LED_LEFT 中。“^”为异或意思，具体含义详见 C 语言知识点。

LED_RIGHT^=0xff：等价于“LED_RIGHT= LED_ RIGHT ^0xff”，表示变量 LED_RIGHT 与 0xff 异或，结果保存到 LED_ RIGHT 中。

任务二　数字显示器设计与实现

一、任务要求

通过数码管硬件原理学习，利用 C 语言编程实现键盘功能，控制数码管数字显示控制。

二、具体实现

任务：四个键盘控制不同的数码管显示效果，按键 1 按下时数码管显示 0，按键 2 按下时数码管显示 5，按键 3 按下时数码管 0 到 9 循环显示，按键 4 按下时数码管关闭，编程实现。

【例 9.15】 四个键盘控制数码管。

```
#include <reg52.h>
#include "intrins.h"
#define SEG_LED P0
unsigned char code SEG_ALL[] = {0xbf,0x86,0xdb,0xcf,0xe6,0xed,0xfd,0x87,0xff,
0xef};
void delay(unsigned int x)
{
    unsigned char i;
    while(x--)
    {
      for(i=250;i>0;i--);
    }
}

void delayms(unsigned int ms)
{
    unsigned char t;
    while(ms--)
    {
      for(t=0;t<120;t++);
```

```
    }
}
void display(unsigned char seg_i)
{
    switch(seg_i)
    {
      case 0 :SEG_LED = 0xbf;break;
      case 1 :SEG_LED = 0x86;break;
      case 2 :SEG_LED = 0xdb;break;
      case 3 :SEG_LED = 0xcf;break;
      case 4 :SEG_LED = 0xe6;break;
      case 5 :SEG_LED = 0xed;break;
      case 6 :SEG_LED = 0xfd;break;
      case 7 :SEG_LED = 0x87;break;
      case 8 :SEG_LED = 0xff;break;
      case 9 :SEG_LED = 0xef;break;
      default:SEG_LED = 0x80;
    }
}
void display_0to9(void)
{
    unsigned char i;
    for(i = 0;i<10;i ++ )
    {
      SEG_LED = SEG_ALL[i];
      delay(300);
    }
}
void display_clear(void)
{
    SEG_LED = 0x80;
}
void main(void)
{
    KEY_ALL  =  0xff;
    while(1)
    {
      if(KEY1 = = 0) display(0);
      if(KEY2 = = 0) display(5);
```

```
        if(KEY3 = = 0) display_0to9();
        if(KEY4 = = 0) display_clear();
    }
}
```

三、相关知识—地址、指向函数的指针

(一)指向函数的指针

1. 用函数指针变量调用函数

可以用指针变量指向整型变量、字符串、数组,也可以指向一个函数。一个函数在编译时被分配给一个入口地址。这个函数的入口地址就称为函数的指针。可以用一个指针变量指向函数,然后通过该指针变量调用此函数。先通过一个简单的例子来回顾一下函数的调用情况。

main 函数中的"c= max(a,b);"包括了一次函数调用(调用 max 函数)。每一个函数都占用一段内存单元,它们有一个起始地址。因此,可以用一个指针变量指向一个函数,通过指针变量来访问它指向的函数。

在 main 函数中有一个赋值语句:

```
C = ( * p)(a,b);
```

它和"c=max(a,b);"等价。这就是用指针形式实现函数的调用。以上用两种方法实现函数的调用,结果是一样的。说明:

(1)指向函数的指针变量的一般定义形式为

数据类型(* 指针变量名)(函数参数表列);

这里的"数据类型"是指函数返回值的类型。

(2)函数的调用可以通过函数名调用,也可以通过函数指针调用(即用指向函数的指针变量调用)。

(3)"int(* p)(int,int);"表示定义一个指向函数的指针变量 p,它不是固定指向哪一个函数的,而只是表示定义了这样一个类型的变量,它是专门用来存放函数的入口地址的。在程序中把哪一个函数(该函数的值应是整型的,且有两个整型参数)的地址赋给它,它就指向哪一个函数。在一个程序中,一个指针变量可以先后指向同类型的不同函数。

(4)在给函数指针变量赋值时,只需给出函数名而不必给出参数,例如:

```
P = max;
```

因为是将函数入口地址赋给 p,而不牵涉实参与形参的结合问题。不能写成 p=max(a,b);

(5)用函数指针变量调用函数时,只需将(* p)代替函数名即可(p 为指针变量名),在(* p)之后的括号中根据需要写上实参。例如:

```
C = ( * p)(a,b);
```

表示"调用由 p 指向的函数,实参为 a、b。得到的函数值赋给 c"。注意函数的返回值是什

么类型？从上例对指针变量 p 的定义可以知道，函数的返回值是整型的，因此将其值赋给整型变量 c 是合法的。

(6)对指向函数的指针变量，像 p+n、p++、p-- 等运算是无意义的。

2. 用指向函数的指针作函数参数

函数指针变量通常的用途之一是把指针作为参数传递到其他函数。这个问题是 C 语言应用的一个比较深入的部分，在本书中只作简单的介绍，以便在今后用到时不会感到困惑。进一步的理解和掌握有待于读者今后深入的学习和提高。

前面介绍过，函数的参数可以是变量、指向变量的指针变量、数组名、指向数组的指针变量等。现在介绍指向函数的指针也可以作为参数，以实现函数地址的传递，这样就能够在被调用的函数中使用实参函数。

它的原理可以简述如下：有一个函数(假设函数名为 sub)，它有两个形参(x1 和 x2)，定义 x1 和 x2 为指向函数的指针变量。在调用函数 sub 时，实参为两个函数名 f1 和 f2，给形参传递的是函数 f1 和 f2 的地址。这样在函数 sub 中就可以调用 f1 和 f2 函数了。

例如：

```
实参函数名     f1            f2
               ↓             ↓
void   sub(int( * x1) (int) ,int( * x2) (int,int))
         { int a,b,i,j;
         A = ( * x1)(i);           /* 调用 f1 函数 */
         B = ( * x2)(i,j);         /* 调用 f2 函数 */
              ·
              ·
              ·
         }
```

在函数首部定义 x1、x2 为函数指针变量，x1 指向的函数有一个整型形参，x2 指向的函数有两个整型形参，i 和 j 是函数 f1 和 f2 所要求的参数。函数 sub 的形参 x1、x2(指针变量在函数 sub 未被调用时并不占内存单元，也不指向任何函数)。在 sub 被调用时，把实参函数 f1 和 f2 的入口地址传给形参指针变量 x1 和 x2，使 x1 和 x2 指向函数 f1 和 f2。这时，在函数 sub 中，用 * x1 和 * x2 就可以调用函数 f1 和 f2。(* x)(i)就相当于 f1(i)，(* x2)(i,j)就相当于 f2(i,j)。

有人可能会问，既然在 sub 函数中要调用 f1 和 f2 函数，为什么不直接调用 f1 和 f2 而要用函数指针变量呢？何必绕这样一个圈子呢？的确，如果只是用到 f1 和 f2 函数，完全可以在 sub 函数中直接调用 f1 和 f2，而不必设指针变量 x1、x2。但是，如果在每次调用 sub 函数时，要调用的函数不是固定的，这次调用 f1 和 f2，而下次要调用 f3 和 f4，第三次要调用的是 f5 和 f6。这时，用指针变量就比较方便了。只要在每次调用 sub 函数时给出不同的函数名作为实参即可，sub 函数不必做任何修改。选种方法是符合结构化程序设计方法原则的，是程序设计中常使用的。

四、能力拓展

【例 9.16】 编程实现键盘控制数码管不同效果，按键 1 控制数码管 0 到 9 循环，按键 2 控制数码管加 1，按键 3 控制数码管减 1，按键 4 控制数码管清 0。

```
#include <reg52.h>
#define KEY_ALL P1
#define SEG_LED P0
void delayms(unsigned int x)                         //1ms 定时
{
    unsigned char i;
    while(x--)
    {
        for(i=250;i>0;i--);
    }
}
unsigned char keyboard(void)
{
    unsigned char num_key;                           //按键号
    unsigned char temp,temp1;                        //用于读取 P0 线上按键值
    num_key=0xff;
        temp=KEY_ALL;                                //读取 P0 线数据
        if(temp! =0xff)                              //低电平判断
        {
        delayms(4);
            temp1=KEY_ALL;                           //读取 P0 线数据
        if(temp= =temp1)                             //低电平判断
            {
            do
            {
                temp1=KEY_ALL;
            }
            while(temp1! =0xff);
                switch(temp)
            {
                case 0xfe: num_key=0x00;break; //KEY1(P1.0) 按下
                    case 0xfd: num_key=0x01;break;//KEY2(P1.1) 按下
                    case 0xfb: num_key=0x02;break;//KEY3(P1.2) 按下
                    case 0xf7: num_key=0x03;break;//KEY4(P1.3) 按下
                case 0xef: num_key=0x04;break; //KEY1(P1.4) 按下
```

```
                    case 0xdf: num_key = 0x05;break;//KEY2(P1.5) 按下
                    case 0xbf: num_key = 0x06;break;//KEY3(P1.6) 按下
                    case 0x7f: num_key = 0x07;break;//KEY4(P1.7) 按下
                default:num_key = 0xff;break;
            }
            }
    }
    return(num_key);
}

void display_xunhan(void)
{
}

void display_clear(void)
{
}

void main(void)
{
    unsigned char num_value;
    while(1)
    {
        num_value = keyboard();
        switch(num_value)
        {
            case 0x00: SEG_LED = SEG_ALL[0];break;
            case 0x01: SEG_LED = SEG_ALL[5];break;
            case 0x02: display_xunhan();break;
            case 0x03: display_clear();break;
            case 0x04:break;
            case 0x05:break;
            case 0x06:break;
            case 0x07:break;
            deflaut:break;
        }
    }
}
```

任务三　音乐点播器设计与实现

一、任务要求

通过学习蜂鸣器工作原理，利用C语言编程实现，键盘对蜂鸣器的控制。

二、具体实现

任务：编程实现键盘控制蜂鸣器发音，按键1、2、3、4按下时发出不同的音符，按键松开时，蜂鸣器停止。

【例9.17】 4按键控制发音。

```
#include <reg52.h>
#include "intrins.h"
sbit SPEAKER = P0^7
#define KEY_ALL P1
sbit KEY1 = P1^0;
sbit KEY2 = P1^1;
sbit KEY3 = P1^2;
sbit KEY4 = P1^3;
void delayms(unsigned int ms)
{
    unsigned char t;
    while(ms--)
    {
      for(t = 0;t<120;t++);
    }
}
void Play(unsigned char t)
{
    unsigned char i;
    for(i = 0;i<100;i++)
    {
      SPEAKER = ~SPEAKER;
      delayms(t);
    }
    SPEAKER = 0;
}
void main(void)
```

```
{
    KEY_ALL = 0xff;
    while(1)
    {
      if(KEY1 = = 0) Play(1);
      if(KEY2 = = 0) Play(2);
      if(KEY3 = = 0) Play(3);
      if(KEY4 = = 0) Play(4);
    }
}
```

【例 9.18】 实现音乐点播程序。

```
#include "reg52.h"
#include "intrins.h"
sbit SPEAKER = P3^7;
#define KEY_ALL P1
unsigned char code SONG_TONE1[] = {159,142,126,119,106,95,84,80};

void delayms(unsigned int ms)
{
    unsigned char t;
    while(ms--)
    {
      for(t = 0;t<120;t++);
    }
}
void PlayMusic()
{
    unsigned int i = 0,j,k;
    while((SONG_LONG[i]! = 0)||(SONG_TONE[i]! = 0))
    {
      for(j = 0;j<SONG_LONG[i] * 20;j++)
      {
        SPEAKER = ~SPEAKER;
        for(k = 0;k<SONG_TONE[i]/3;k++);
      }
      delayms(10);
      i++;
```

```
    }
}
unsigned char keyboard(void)
{
    unsigned char num_key;                          //按键号
    unsigned char temp,temp1;                       //用于读取P0线上按键值
    num_key = 0xff;
    temp = KEY_ALL;                                 //读取P0线数据
    if(temp! = 0xff)                                //低电平判断
    {
      //delayms(4);
      temp1 = KEY_ALL;                              //读取P0线数据
      if(temp = = temp1)                            //低电平判断
      {
        do
        {
            temp1 = KEY_ALL;
        }
        while(temp1! = 0xff);
        switch(temp)
        {
            case 0xfe: num_key = 0x00;break;        //KEY1(P0.4) 按下
            case 0xfd: num_key = 0x01;break;        //KEY2(P0.5)按下
            case 0xfb: num_key = 0x02;break;        //KEY3(P0.6)按下
            case 0xf7: num_key = 0x03;break;        //KEY4(P0.7)按下
            case 0xef: num_key = 0x04;break;        //KEY1(P0.4) 按下
            case 0xdf: num_key = 0x05;break;        //KEY2(P0.5)按下
            case 0xbf: num_key = 0x06;break;        //KEY3(P0.6)按下
            case 0x7f: num_key = 0x07;break;        //KEY4(P0.7)按下
            default:num_key = 0xff;break;
      }
      }
      //Buzz(1);
    }
    return(num_key);
}
void Play1(unsigned char i)
{
```

```
        SPEAKER = ～SPEAKER;
        for(k = 0;k<SONG_TONE1[i]/3;k ++ );
    }
    void main(void)
    {
        unsigned char key_value = 0xff;
        while(1)
        {
          key_value = keyboard();
          switch(key_value)
          {
            case 0x00:Play1(0);break;
            case 0x01:Play1(1);break;
            case 0x02:break;
            case 0x03:break;
            case 0x04:break;
            case 0x05:break;
            case 0x06:break;
            case 0x07:break;
          }
        }
    }
```

三、相关知识—编程规范、模块化编程

1. 空格

1)关键字 if,while,for 与其后的控制表达式的(括号之间插入一个空格分隔,但括号内的表达式应紧贴括号。

例如:while␣(1);

2)双目运算符的两侧插入一个空格分隔,单目运算符和操作数之间不加空格。

例如:i␣=␣i␣+␣1、++i、!(i␣<␣1)、-x、&a[1]等。

3)后缀运算符和操作数之间也不加空格。

4)、,号和;号之后要加空格,这是英文的书写习惯。

例如:for␣(i␣=␣1;␣i␣<␣10;␣i++)、foo(arg1,␣arg2)。

5)以上关于双目运算符和后缀运算符的规则不是严格要求,有时候为了突出优先级也可以写得更紧凑一些.

例如:for␣(i=1;␣i<10;␣i++)、distance␣=␣sqrt(x*x␣+␣y*y)等。但是省略的空格一定不要误导了读代码的人,例如 a||b␣&&␣c 很容易让人理解成错误的优先级。

2. 缩进

内核关于缩进的规则有以下几条：

1)要用缩进体现出语句块的层次关系，使用 Tab 字符缩进，不能用空格代替 Tab。函数里面的代码，也称为代码块或复合代码，要求进行缩进。遇到循环和分支结构的处理，循环和分支下的代码块要求再进行缩进，假设循环和分支里又嵌套了循环和分支，代码块应该层层缩进。

2)if/else、while、do/while、for、switch 这些可以带语句块的语句，语句块的{和}应该和关键字写在一起，用空格隔开，而不是单独占一行。

```
If␣(…)
{
→语句列表
}
else if␣(…)
{
→语句列表
}
```

3)函数定义的{和}单独占一行，这一点和语句块的规定不同。

例如：

```
int sum(int a,int b)
{
语句列表；
}
```

4)switch 和语句块里的 case、default 对齐写，也就是说语句块里的 case、default 相对于 switch 不往里缩进。

例如：

```
switch(…)
{
case 'A':语句列表；
case 'B':语句列表；
default:语句列表
}
```

5)一行只写一条语句。

6)代码中每个逻辑段落之间应该用一个空行分隔开。例如每个函数定义之间应该插入一个空行，头文件、全局变量定义和函数定义之间也应该插入空行。

7)在分支和循环中不管有一条还是多条语句建议都要加上“{}”。

3. 注释

1)单行注释应采用/*␣comment␣*/的形式，用空格把界定符和文字分开。

2)整个源文件的顶部注释。说明此模块的相关信息，例如文件名、作者和版本历史等，顶头写不缩进。

3)相对独立的语句组注释。对这一组语句做特别说明，写在语句组上侧，和此语句组之间不留空行，与当前语句组的缩进一致。注意，说明语句组的注释一定要写在语句组上面，不能写在语句组下面。

4)代码行右侧的简短注释。对当前代码行做特别说明，一般为单行注释，和代码之间至少用一个空格隔开，一个源文件中所有的右侧注释最好能上下对齐。

4. 标识符的命名规范

标识符的命名要清晰明了，可以使用完整的单词和大家易于理解的缩写。短的单词可以通过去元音形成缩写，较长的单词可以取单词的头几个字母形成缩写，也可以采用大家基本认同的缩写。例如 count 写成 cnt，block 写成 blk，length 写成 len，window 写成 win，message 写成 msg，temporary 可以写成 temp，也可以进一步写成 tmp。

常量的命名规范：每一个英文字符大写，每个单词之间可以用‘_’连接 RADIX_TREE_MAP_SHIFT 等。

5. 标签的命名规范

全局变量和全局函数的命名一定要详细，不惜多用几个单词多写几个下划线，例如函数名 radix_tree_insert，因为它们在整个项目的许多源文件中都会用到，必须让使用者明确这个变量或函数是干什么用的。局部变量和只在一个源文件中调用的内部函数的命名可以简略一些，但不能太短，不要使用单个字母做变量名，只有一个例外：用 i、j、k 做循环变量是可以的。

6. 函数的编码风格

每个函数都应该设计得尽可能简单，简单的函数才容易维护。应遵循以下原则：

1)实现一个函数只是为了做好一件事情，不要把函数设计成用途广泛、面面俱到的，这样的函数肯定会超长，而且往往不可重用，维护困难。

2)函数内部的缩进层次不宜过多，一般以少于 4 层为宜。如果缩进层次太多就说明设计得太复杂了，应该考虑分割成更小的函数来调用。

3)函数不要写得太长，建议在 24 行的标准终端上不超过两屏，太长会造成阅读困难，如果一个函数超过两屏就应该考虑分割函数了。

5)执行函数就是执行一个动作，函数名通常应包含动词，例如 get_current、radix_tree_insert。

比较重要的函数定义上面必须加注释，说明此函数的功能、参数、返回值、错误码等。

6)另一种度量函数复杂度的办法是看有多少个局部变量，5 到 10 个局部变量就已经很多了，再多就很难维护了，应该考虑分割函数。

7. 函数参数的防错设计

程序一般分为 Debug 版本和 Release 版本，Debug 版本用于内部调试，Release 版本发行给用户使用。

在编写函数时，要进行反复的考查，并且自问："我打算做哪些假定？"一旦确定了的假定，就要使用断言对假定进行检查。使用断言捕捉不应该发生的非法情况。不要混淆非法情况与错误情况之间的区别，后者是必然存在的并且是一定要作出处理的。

函数注释：说明此函数的功能、参数、返回值、错误码等，写在函数定义上侧，和此函数定义之间不留空行，顶头写不缩进。

```
/*-------------------------------------------------------------
function:判断分数格式是否正确
params:score 客户输入的分数
returns:1 分数格式正确 0 分数格式错误
-------------------------------------------------------------*/
int IsValidScore(char * score)
{
/*……*/
}
```

函数内的注释要尽可能少用。注释只是用来说明你的代码能做什么(比如函数接口定义),而不是说明怎样做的,只要代码写得足够清晰,怎样做是一目了然的,如果你需要用注释才能解释清楚,那就表示你的代码可读性很差,除非是特别需要提醒注意的地方才使用函数内注释。

四、能力拓展

任务:编程实现如下功能,按键1播放《祝你生日快乐》,按键2播放《世上只有妈妈好》,按键3播放《小毛驴》,按键4播放《大海啊故乡》。

【例9.19】键盘点播歌曲。

```
#include<reg52.h>
#include "intrins.h"
sbit SPEAKER = P0^7;
#define KEY_ALL P1
sbit KEY1 = P1^0;
sbit KEY2 = P1^1;
sbit KEY3 = P1^2;
sbit KEY4 = P1^3;

unsigned char code SONG_TONE1[] = {212,212,190,212,159,169,212,212,190,212,142,
159,212,212,106,126,129,169,190,119,119,126,159,142,159,0};  //生日快乐歌曲
unsigned char code SONG_LONG1[] = {9,3,12,12,12,24,9,3,12,12,12,24,9,3,12,12,
12,12,12,9,3,12,12,12,24,0};                                  //世上只有妈妈好歌曲
unsigned char code SONG_TONE2[] = {63,71,85,71,53,63,71,63,85,71,63,71,85,107,126,
71,85,93,93,85,71,71,63,85,93,107,71,85,93,107,126,107,142,0};
unsigned char code SONG_LONG2[] = {18,6,12,12,12,6,6,24,12,6,6,12,12,6,6,6,6,24,
18,6,12,6,6,12,12,24,18,6,6,6,6,6,48,0};                      //小毛驴歌曲
unsigned char code SONG_TONE3[] = {159,159,159,126,106,106,106,106,95,95,95,80,
106,106,119,119,119,95,126,126,126,126,142,142,142,142,106,106,159,159,159,126,
106,106,106,106,95,95,95,80,106,106,119,119,119,95,126,126,126,126,126,126,142,
142,142,126,159,159,0};
unsigned char code SONG_LONG3[] = {12,12,12,12,12,12,12,12,12,12,12,12,24,24,12,
```

```
12,12,12,12,12,12,12,12,12,12,12,18,12,12,12,12,12,12,12,12,12,12,12,12,12,24,
24,12,12,12,12,6,6,6,6,12,12,12,12,12,12,24,24,0};              //大海啊故乡
unsigned char code SONG_TONE4[] = {159,142,159,169,189,213,126,126,126,119,126,
142,159,189,142,142,0};
unsigned char code SONG_LONG4[] = {12,12,24,12,12,12,12,48,12,12,24,12,12,12,12,
48,0};
    void delayms(unsigned int ms)
    {
        unsigned char t;
        while(ms--)
        {
          for(t=0;t<120;t++);
        }
    }
    void PlayMusic1(unsigned char *p_tone,unsigned char *p_lone)
    {
        unsigned int j,k;
        while((*p_lone)!=0||(*p_tone)!=0)
        {
          for(j=0;j<(*p_lone)*20;j++)
          {
            SPEAKER = ~SPEAKER;
            for(k=0;k<(*p_tone)/3;k++);
          }
          delayms(10);
          p_lone++;
          p_tone++;
        }
    }
    void main(void)
    {
        unsigned char val_i=0;
        KEY_ALL = 0xff;
        while(1)
        {
          if(KEY1==0)
          {
            while(KEY1==0);
            PlayMusic1(SONG_TONE1,SONG_LONG1);
```

```
        }
        if(KEY2 = = 0)
        {
          while(KEY2 = = 0);
          PlayMusic1(SONG_TONE2,SONG_LONG2);
        }
        if(KEY3 = = 0)
        {
          while(KEY3 = = 0);
          PlayMusic1(SONG_TONE3,SONG_LONG3);
        }
        if(KEY4 = = 0)
        {
            while(KEY4 = = 0);
            PlayMusic1(SONG_TONE4,SONG_LONG4);
        }
      }
}
```

项目十　电子琴设计与实现

项目目标导读

知识目标

(1)掌握流程图、算法、变量、运算符与表达式、选择结构、循环结构、数组、函数、指针、预处理命令等所有C语言语法知识；

(2)掌握C语言编程规范；

(3)掌握C语言模块化编程方法。

能力目标

(1)精通Keil和Protues软件的程序输入、编译、调试及仿真运行；

(2)能独立完成复杂程序的流程图绘制、C语言程序编写、软件调试与仿真。

项目背景

电子琴是现代电子科技与音乐结合的产物，是一种新型的键盘乐器。它在现代音乐扮演着重要的角色，单片机具有强大的控制功能和灵活的编程实现特性，它已经溶入现代人们的生活中，成为不可替代的一部分。本文的主要内容是用AT89C52单片机为核心控制元件，设计一个电子琴。以单片机作为主控核心，与键盘、扬声器等模块组成核心主控制模块，主控模块上设有18个弹奏按键、1个播放键和扬声器。

一、任务要求

设计一个电子琴功能的作品，通过C语言编程实现键盘弹奏、蜂鸣器发声，数码管显示的电子作品。

二、具体实现

【例10.1】 实现电子琴的功能。

```
#include<reg52.h>
#include"intrins.h"
#define KEY P1
#define LED_ALL P3
#define SEG_ALL P0
sbit SPEAKER = P0^7;

unsigned char code SONG_TONE[] = {159,142,126,119,106,95,84,80,0};
unsigned char SEG_DISP[] = {0x3f,0x06,0x5b,0x4f,0x66,0x6d,0x7d,0x07,0x7f,
0x6f};
```

```
unsigned char LED_DISP[] = {0xfe,0xfd,0xfb,0xf7,0xef,0xdf,0xbf,0xe7f,0xff};

void delayms(unsigned int ms)
{
    unsigned char t;
    while(ms--)
    {
        for(t=0;t<120;t++);
    }
}

void PlayMusic(unsigned char temp)
{
    unsigned int k;
    while(KEY! =0xff)
    {
        SPEAKER = ~SPEAKER;
        for(k=0;k<SONG_TONE[temp]/3;k++);
    }
}

void main()
{
    while(1)
    {
        switch(KEY)
        {
            case 0xfe:
            {
                SEG_ALL = SEG_DISP[1];
                LED_ALL = LED_DISP[0];
                PlayMusic(0);
                LED_ALL = LED_DISP[8];
            }
            break;
            case 0xfd:
            {
                SEG_ALL = SEG_DISP[2];
                LED_ALL = LED_DISP[1];
```

```
        PlayMusic(1);
        LED_ALL = LED_DISP[8];
    }
    break;
    case 0xfb:
    {
        SEG_ALL = SEG_DISP[3];
        LED_ALL = LED_DISP[2];
        PlayMusic(2);
        LED_ALL = LED_DISP[8];
    }
    break;
    case 0xf7:
    {
        SEG_ALL = SEG_DISP[4];
        LED_ALL = LED_DISP[3];
        PlayMusic(3);
        LED_ALL = LED_DISP[8];
    }
    break;
    case 0xef:
    {
        SEG_ALL = SEG_DISP[5];
        LED_ALL = LED_DISP[4];
        PlayMusic(4);
        LED_ALL = LED_DISP[8];
    }
    break;
    case 0xdf:
    {
        SEG_ALL = SEG_DISP[6];
        LED_ALL = LED_DISP[5];
        PlayMusic(5);
        LED_ALL = LED_DISP[8];
    }
    break;
    case 0xbf:
    {
        SEG_ALL = SEG_DISP[7];
```

```
                    LED_ALL = LED_DISP[6];
                    PlayMusic(6);
                    LED_ALL = LED_DISP[8];
                }
                break;
                case 0x7f:
                {
                    SEG_ALL = SEG_DISP[8];
                    LED_ALL = LED_DISP[7];
                    PlayMusic(7);
                    LED_ALL = LED_DISP[8];
                }
                break;
                default:break;
            }
        }
    }
```

三、总结

本项目的程序利用了前面所学的硬件(按键、蜂鸣器、数码管、LED灯),进行综合编程训练。同时,利用C语言所学的各种知识进行编写程序。当然,本项目只是抛砖引玉,还有其他输入输出的C语言编程可以实现,作为学习者,可以自己任意想象硬件效果,进行C语言编程训练,比如音乐点播器设计、音乐播放器设计、键盘设计、显示器设计等。

参考文献

[1] Brian W. Kernighan, Dennis M. Ritchie. The C Programming Language[M]. Prentice Hall, Inc, 1988.

[2] Brian W. Kernighan, Dennis M. Ritchie. The C Programming Language[M]. 北京:机械工业出版社, 2004.

[3] Bjarne Stroustrup. The C++ Programming Language:Special Edition[M]. 北京:机械工业出版社, 2010.

[4] 汪宋良. 高职电子类“C语言程序设计”课程改革研究[J]. 职教通讯,2013(5):12-16.

[5] 汪宋良. 信息化教学下“C语言程序设计”课改的再思考[J]. 职教通讯,2015(27):15-17.

[6] 陆志强. 非计算机专业“C语言程序设计”课程教学改革探讨[J]. 张家口职业技术学院学报,2011(3):65-66.

[7] 文星. 高职电子专业C语言教学探究[J]. 湘潭师范学院学报, 2009(3):211-212.

[8] 封宇. 浅谈《C语言程序设计》在高职电子类专业的教学改革[J]. 广西轻工业,2011(7):53.

[9] 姜世芬. 高职电子类专业“C语言程序设计”课程改革探究[J]. 科技创新导报,2009(17):110.

[10] 邵长友. 高职应用电子专业“C语言程序设计”课程改革设想[J]. 计算机教育, 2008(4):34-36.

[11] 梁广瑞,钟国文. 浅谈全国大学生电子设计大赛与“C语言程序设计”教学改革[J]. 太原城市职业技术学院学报,2011(11):151-152.

[12] 李爱芹,赵凤申. 高职院校机电专业C语言课程教学探索与实践[J]. 南通航运职业技术学院学报,2009(12):65-66.

参考文献